DAMASCYNCLITO MEDEIROS

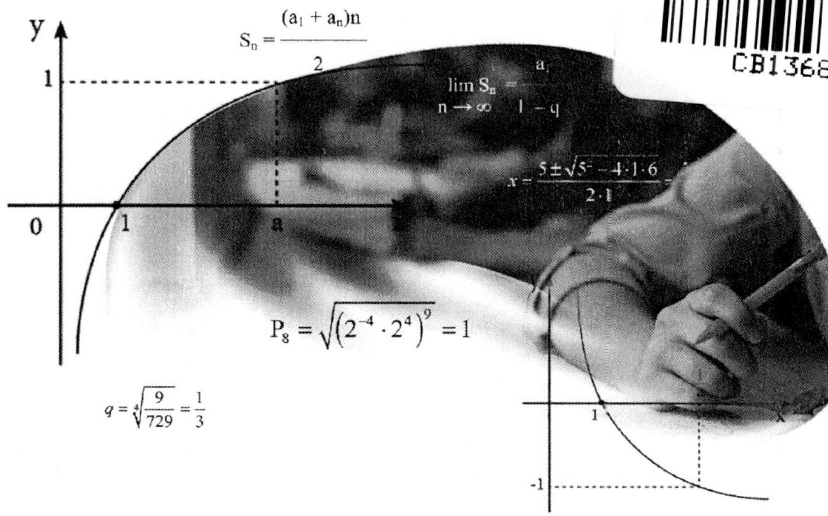

ARITMÉTICA PARA TODOS

(GERAL E FINANCEIRA)

EDITORA CIÊNCIA MODERNA

Aritmética para Todos – Geral e Financeira

Editor: Paulo André P. Marques
Produção Editorial: Dilene Sandes Pessanha
Capa: Daniel Jara
Diagramação: Daniel Jara
Copidesque: Equipe Ciência Moderna

FICHA CATALOGRÁFICA

MEDEIROS, Damascynclito.

Aritmética para Todos – Geral e Financeira

Rio de Janeiro: Editora Ciência Moderna Ltda., 2021.

1. Matemática
I — Título

ISBN: 978-65-5842-040-8 CDD 510

Editora Ciência Moderna Ltda.
R. Alice Figueiredo, 46 – Riachuelo
Rio de Janeiro, RJ – Brasil CEP: 20.950-150
Tel: (21) 2201-6662/ Fax: (21) 2201-6896
E-MAIL: LCM@LCM.COM.BR
WWW.LCM.COM.BR **04/21**

Às Minhas Filhas Helem e Lísia

PREFÁCIO

A Aritmética é o pilar fundamental da Matemática e o instrumento de cálculo prático à disposição de todas as pessoas. Nesta obra, resgatamos o antigo brilho da Aritmética, muitas vezes eclipsado no chamado ensino moderno da Matemática.

Esta Aritmética destina-se aos alunos de cursos de todos os graus, cursos técnicos e de contabilidade, pela inclusão de tópicos de finanças, e com maior especificidade, aos candidatos a concursos públicos cuja ementa exija os conteúdos aqui tratados.

Os capítulos estão elaborados à guisa de aulas, em linguagem clara e concisa, com o fito de proporcionar ao leitor o autoaprendizado.

O Autor
Janeiro de 2017

Sumário

1 – PRELIMINARES

Conceitos Fundamentais:

1.1. Matemática

Matemática é a ciência que trata das grandezas, suas medidas e das relações numéricas, dedutíveis e analíticas, que elas podem expressar numérica, algébrica e geometricamente.

1.2. Aritmética

Aritmética é a parte da matemática que ensina as operações com números e estuda as suas propriedades.

1.3. Grandezas

Grandeza é tudo o que suscetível de medição direta ou indiretamente.

Quanto à medição, as grandezas podem ser mensuráveis, ou comensuráveis, e imensuráveis, ou incomensuráveis.

(i) grandezas mensuráveis – são as suscetíveis de medição. Estas grandezas, por sua vez, podem ser contínuas, quando não têm partes separadas (exemplos: uma peça de tecido, um rolo de papel, água de um depósito, etc.), ou descontínuas, quando têm partes separadas (exemplos: um conjunto de objetos, uma cesta de ovos, uma multidão, etc.).

(ii) grandezas imensuráveis – são as que não podem ser medidas nem direta nem indiretamente ou materialmente.

Por exemplos: a medida da diagonal d e o lado do quadrado, a, $d/a = \sqrt{2}$, resulta em um número irracional, que não admite valor exato. Da mesma sorte, a medida do comprimento C, da circunferência, pelo seu diâmetro, d, $C/d = \pi$, resulta em outro número irracional. Também costuma-se dizer que são grandezas imensuráveis, ou incomensuráveis, certos atributos elevados, como talento, virtude, amor, etc.

1.4. Unidade

Unidade é a grandeza escolhida que se toma como termo de comparação para a medida de uma grandeza mensurável.

A unidade pode ser determinada, na medida das grandezas descontínuas; e arbitrária, na medida das grandezas contínuas.

1.5. Medição de uma Grandeza

Medir uma grandeza é compará-la com a unidade. O resultado desta comparação resulta um número, que pode ser racional ou irracional.

Número racional é o que pode ser expresso por p/q, sendo p e q inteiros, e $q \neq 0$; número irracional é o que não pode ser expresso desse modo. O conjunto dos números racionais e irracionais positivos e negativos compõe os números reais da Álgebra.

De um modo geral, dada a grandeza G, mensurável, que se quer medir com a unidade u, da mesma espécie, formula-se a medição comparando os seus termos:

$$\frac{G}{u} = n$$

em que n é um número real. Na Aritmética, cogita-se apenas as operações com números reais positivos. Graficamente, eles são concebidos como pontos definidos sobre uma semirreta, orientada como na figura abaixo:

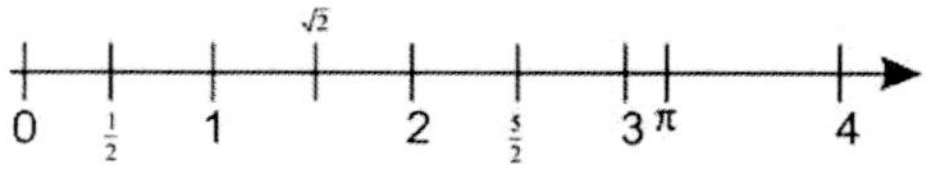

1.6. Quantidade

Quantidade é a grandeza depois de medida. As quantidades podem ser homogêneas, quando são da mesma espécie; e heterogêneas, quando são de espécies diferentes.

2 – NUMERAÇÃO

2.1. Numeração

Numeração é a parte da Aritmética que ensina a escrever e a enunciar os números. Por conseguinte, divide-se em numeração escrita e falada.

(i) Numeração Escrita: ensina a escrever os números com o concurso de dez símbolos, chamados de algarismos, são eles: 1 , 2 , 3, 4, 5, 6, 7, 8, 9 e 0.

(ii) Numeração Falada: ensina a dar nome a todos os números, com um pequeno número de palavras.

Os algarismos têm dois valores:

(1) valor absoluto – é o valor que ele tem em si mesmo. O zero, que não tem valor em si, mas é usado para preencher casas decimais nas quais não houver os algarismos de 1 a 9.
(2) valor relativo – é o valor que ele passa a ter conforme a posição ou casa decimal que ocupa no número.

2.2. Base do Sistema de Numeração Decimal

O Sistema de Numeração universal tem por base 10, por isso chamado de decimal. Isto quer dizer que cada dez unidades forma uma unidade de ordem imediatamente superior, ou seja:

Dez unidades	formam	uma	dezena
Dez dezenas	"	"	centena
Dez centenas	"	"	unidade de milhar
Dez unidades de milhar	"	"	dezena de milhar
Dez dezenas de milhar	"	"	centena de milhar
Dez centenas de milhar	"	"	unidade de milhão

Dez unidades de milhão	"	"	dezena de milhão
Dez dezenas de milhão	"	"	centena de milhão
Dez centenas de milhão	"	"	unidade de bilhão

E assim por diante.

2.3. Ordens e Classes

Em um número, o lugar ocupado por cada algarismo chama-se casa ou ordem, e o grupo de três ordens, separadas da direita para a esquerda, denomina-se classe. Assim sendo, temos:

Ordens	Classe
1ª ordem – unidades 2ª ordem – dezenas 3ª ordem - centenas	1ª classe
4ª ordem – unidades 5ª ordem – dezenas 6ª ordem – centenas	2ª classe ou dos milhares
7ª ordem – unidades 8ª ordem – dezenas 9ª ordem – centenas	3ª classe ou dos milhões

E assim por diante.

2.4. Escrita e Leitura dos Números

Escreve-se um número com os algarismos em linha horizontal, começando da esquerda para a direita, ocupando as casas de cada classe com os algarismos e preenchendo com zeros as casas ou ordens em que não houver algarismo para escrever. As classes são separadas por um pequeno intervalo ou ponto (.).

Exemplo 2.1
Em 2016, a população brasileira foi estimada em duzentos e oito milhões, oitocentos e quarenta e seis mil e setenta e quatro habitantes. Para escrever esse número, temos, da esquerda para a direita:

milhões	milhares	unidades	
208	846	074	habitantes.

Para ler um número, separa-se em classes, da direita à esquerda, e lê-se da esquerda para a direita, enunciado cada algarismo pelo seu valor relativo e cada classe pela sua denominação.

Exemplo 2.2.
A população mundial, atual, está estimada em 7.494.312.997 habitantes. Leia este número.

Sete bilhões, quatrocentos e noventa e quatro milhões, trezentos e doze mil, novecentos e noventa e sete habitantes.

2.5. Numeração Romana

Na numeração romana – quase em desuso – os números são representados por sete letras maiúsculas do alfabeto latino, tendo cada uma um valor convencionado, dado abaixo:

I	V	X	L	C	D	M
um	cinco	dez	cinquenta	cem	quinhentos	mil

As letras I, C e M podem ser repetidas até três vezes, assim temos:

I – um	C – cem
II – dois	CC – duzentos
III – três	CCC – trezentos
X – dez	M – mil

XX – vinte	MM – dois mil
XXX – trinta	MMM – três mil

Uma letra escrita à esquerda de outra de menor valor, subtrai o número de unidades que ela representa:

IV – quatro; IX – nove; XL – quarenta; XC – noventa; CM – novecentos

Uma letra à direita de outra de maior que o seu, somam-se os valores delas:

VI – seis; CX – cento e dez; LV – cinquenta e cinco; CXI – cento e onze; MVI – mil e seis; MXI – mil e onze

1) Um traço acima da letra multiplica o seu valor por mil.

Exemplos:

$\overline{C}$	$\overline{CC}$	$\overline{D}$	$\overline{M}$
cem mil	duzentos mil	quinhentos mil	um milhão

3 – OPERAÇÕES DA ARITMÉTICA

A Aritmética estuda seis operações elementares: Adição, Subtração, Multiplicação, Divisão, Potenciação e Radiciação.

Adição, multiplicação e potenciação são operações diretas porque compõem os números;

Subtração, divisão e radiciação são operações inversas porque decompõem os números.

3.1. Domínio da Aritmética

A Aritmética opera com o conjunto dos números reais positivos, definidos no item 1.5, representados por Re^+; o conjunto dos números racionais positivos, representados por Q^+, e o conjunto dos números inteiros e fracionários positivos, representados por Z^+.

Por sua parte, o conjunto dos números naturais, N = {1, 2, 3, 4, 5, ...} é subconjunto dos inteiros. Na teoria dos conjuntos, a maioria dos autores inclui o zero; mas, por definição, o zero não é um número natural, já que os números naturais surgiram da operação de contar, e esta começa pelo 1.

Operações Fundamentais

Adição, subtração, multiplicação e divisão são chamadas de operações fundamentais. Estas operações, acrescidas da Potenciação e da Radiciação, compõem as operações elementares da Aritmética. Vejamos cada uma delas.

3.2. Adição de Números Inteiros

Adição é a operação que tem por fim reunir dois ou mais números em um só. Os números que se adicionam são chamados de parcelas, e o resultado da operação é denominado de soma ou total. A operação da adição é indicada pelo sinal mais (+).

Adição de números inteiros: ligam-se as parcelas pelo sinal +; e somam-se as ordens dos números para obter-se a soma. Ou usa-se o dispositivo prático, escrevendo-se as parcelas umas abaixo das outras, de modo que as unidades de mesma ordem fiquem em uma mesma coluna e efetua-se a soma da direita para a esquerda, conforme o dispositivo prático.

Exemplo 3.1
Em uma família, o pai nasceu em 1951, a mãe em 1963 e a filha em 1987. Ache a soma dos anos.

Indica-se a soma: 1.951 + 1.963 + 1.987 = 5.901.

dispositivo prático

$$\begin{array}{r} 1.951 \\ 1.963 \\ \underline{1.987} \\ 5.901 \end{array}$$

3.3. Propriedades da Adição

A adição obedece a três princípios fundamentais, vejamo-los:

(i) só se podem somar parcelas da mesma espécie:

5 lápis + 3 lápis + 2 lápis = 10 lápis.

(ii) a ordem das parcelas não altera a soma:

$4 + 5 + 7 = 5 + 7 + 4 = 16$

(iii) a soma de um número com zero é o próprio número:

$3 + 0 = 3$

O zero é chamado elemento neutro. Outros exemplos ficam a cargo do leitor.

3.4. Introdução à Equação do 1° Grau

É instrutivo representar uma quantidade desconhecida pela letra "x"; e com ela vamos introduzir naturalmente o conceito de equação do primeiro grau ou linear.

Igualdade é a expressão de duas quantidades de mesmo valor separadas pelo sinal de igualdade (=). As expressões ou quantidades de cada lado do sinal da igualdade são chamadas de membros: o 1º membro é o que está antes do sinal de igual e, o 2º, depois do sinal de igual, como no exemplo abaixo:

$$\overset{1^\circ\text{ membro}}{2+3} = \overset{2^\circ\text{ membro}}{4+1}$$

Equação é a igualdade em que figura uma quantidade desconhecida x, chamada incógnita. O valor da incógnita é denominado de raiz da equação. A equação aqui introduzida é chamada de equação do 1º grau ou linear.

A equação linear funciona como uma balança de dois pratos em equilíbrio, de modo que tudo o que se fizer no 1º membro, deve-se fazer no 2º membro para manter o equilíbrio da balança:

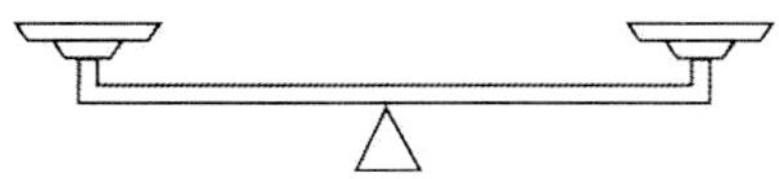

3.5. Propriedades da equação/igualdade:

1º Princípio de Equivalência: a equação não se altera quando se soma ou subtrai o mesmo número em ambos os membros.

$$x + 4 = 7$$

$$x + 4 + 3 = 7 + 3 \quad \text{ou} \quad x + 4 - 3 = 7 - 3$$

2º Princípio de Equivalência: a equação não se altera quando se multiplica ou divide, pelo mesmo número diferente de zero, todos os termos, em ambos os membros.

$$x + 4 = 8$$

Multiplicando todos os termos por 2, em ambos os membros:

$$2x + 8 = 16$$

Dividindo todos os termos por 2, em ambos os membros, a equação anterior volta a ser:

$$x + 4 = 8$$

3º Princípio de Equivalência: a equação não se altera quando se transpõe um termo de membro para outro, com sinal trocado.

$$x + 4 = 8$$
$$x = 8 - 4$$

4º Princípio de Equivalência: a equação não se altera quando se troca a ordem dos membros.

$$8 = x + 4$$

$$x + 4 = 8$$

Exemplo 3.2
Dada a soma: $x + 5 = 9$, ache a parcela desconhecida.

A parcela desconhecida é igual ao total menos a parcela conhecida.

$$x = 9 - 5 \rightarrow x = 4$$

Usando a equação, soma-se o simétrico da parcela conhecida, –5, a ambos os membros:

$$x + 5 - 5 = 9 - 5$$

$$x = 9 - 5 \rightarrow x = 4$$

A operação equivale à transposição 5, com sinal trocado, para o 2° membro.

3.6. Subtração

Subtração é a operação que tem por fim tirar um número menor de outro maior. O número maior é denominado de minuendo e o número menor, subtraendo, e o resultado da subtração é chamado de resto, diferença ou excesso, conforme o que se quer obter. A Subtração é indicada pelo sinal menos (–).

Subtração de números inteiros: liga-se o subtraendo ao minuendo com o sinal menos para se obter o resto. Escreve-se o minuendo e, abaixo dele, o subtraendo, de modo que as unidades de mesma ordem fiquem na mesma coluna; efetua-se a subtração, da direita para a esquerda, conforme o dispositivo prático. Se a ordem do subtraendo for maior do que a ordem do minuendo, soma-se a este uma unidade da coluna de ordem imediatamente superior, e efetua-se a subtração, e prossegue-se a operação. Na prática, usa-se somar a unidade resultante ao algarismo seguinte do subtraendo, e continua-se a subtração até o final da operação.

Exemplo 3.3

De 2.017, tire 1.939.

Indica-se a subtração: $\overbrace{2.017}^{\text{minuendo}} - \overbrace{1.939}^{\text{subtraendo}} = \overbrace{78}^{\text{resto}}.$

dispositivo prático

$$\begin{array}{r} 2.017 \\ -\underline{1.939} \\ 78 \end{array}$$

Outros exemplos ficam a cargo do leitor.

3.7. Propriedades da Subtração

A Subtração obedece a dois princípios fundamentais, vejamo-los:

(i) só se podem subtrair quantidades da mesma espécie:

5 livros – 3 livros = 2 livros

(ii) na subtração, o minuendo é igual ao subtraendo mais o resto; assim como o subtraendo é igual ao minuendo menos o resto.

Sendo: $16 - 9 = 7$, então, $16 = 9 + 7$ e $9 = 16 - 7$

Exemplo 3.4

Ache o subtraendo x na subtração: $10 - x = 3$.

O subtraendo x é igual ao minuendo menos o resto, ou seja,

$$x = 10 - 3$$

$$x = 7$$

Usando a via da equação, passa-se x para o 2º membro e 3 para o 1º membro, resultando em:

$$10 - 3 = x$$

Trocam-se os membros:

$$x = 10 - 3$$

$$x = 7$$

3.8. Multiplicação

Multiplicação é a operação que tem por fim repetir um número tantas vezes quantas são as unidades do outro. O número que se repete chama-se multiplicando, e o número que o multiplica, multiplicador; e o resultado da operação é denominado de produto total, ou apenas produto. A operação multiplicação é indicada pelo sinal vezes (x), ou um ponto a meia altura (·), e lê-se vezes ou multiplicado por.

A multiplicação resultou de soma de parcelas iguais, como:

$$2 + 2 + 2 + 2 + 2 = 2 \times 5$$

Toma-se a parcela comum que é ligada por x pelo número de vezes que ela está repetida, e tem-se:

$$2 \times 5 = 10$$

2 e 5 são chamados de fatores e 10, de produto.

Multiplicar um número por 1 não cumpre a definição de multiplicação. Então, por convenção, multiplicar qualquer número por 1, resulta ele mesmo:

$2 \times 1 = 2$; em geral: $a \cdot 1 = a$

1 é o fator neutro ou elemento neutro da multiplicação.

De igual modo, por convenção, multiplicar um número por zero é igual a zero: $2 \times 0 = 0$; em geral, $a \cdot 0 = 0$.
Multiplicação de números inteiros: ligam-se os fatores pelo sinal x e efetua-se a multiplicação de modo a obter-se o produto.

Usando-se o dispositivo prático, escreve-se o multiplicador abaixo do multiplicando de modo que os algarismos da mesma ordem se correspondam, e sublinham-se ambos. Começa-se a multiplicação da direita para a esquerda, multiplicando o 1º algarismo do multiplicador por todos os algarismos do multiplicando, formando o 1º produto parcial. Repete-se a operação com os demais algarismos do multiplicando, obtendo-se os demais produtos parciais; sublinha-se estes e efetua-se a soma deles.

Exemplo 3.5
Efetue a multiplicação: 2.017 por 349.

Indica-se a multiplicação por 2.017 x 349.

dispositivo prático

```
  2.017
  x 349
  18153
  8068
 6051__
 703933
```

Outros exemplos ficam a cargo do leitor.

3.9. Propriedades da Multiplicação

A multiplicação obedece a quatro princípios fundamentais:

(i) a ordem dos fatores não altera o produto.

$$5 \times 3 = 3 \times 5$$

(ii) no produto de dois fatores, qualquer fator é igual ao quociente do produto total pelo outro fator.

Exemplo 3.6
Ache x na multiplicação: 9x = 45

Usando (ii), temos,

$$x = \frac{45}{9} = 5$$

Usando o entendimento de equação, divide-se ambos os membros por 9.

(iii) A multiplicação é distributiva: 3(2 + 5) = 3 x 2 + 3 x 5

(iv) A multiplicação é associativa: 3(4 x 5) = (3 x 4)5 = (3 x 5)4

3.10. Multiplicação Abreviada

Reunimos a seguir as várias situações em que se pode abreviar uma multiplicação:

(1) Quando o multiplicador for 10, 100, 1.000, etc., basta escrever à direita do multiplicando o número de zeros do multiplicador.

Por exemplo: 236 x 1.000 = 236.000

(2) Quando ambos os fatores tiverem zeros à direita, efetua-se a multiplicação ignorando os zeros e acrescenta-os ao produto, no final.

Por exemplo: 24.000 x 3.600

```
   24|000
x  36|00
  144
  72__
  86 400 000
```

(3) Quando o multiplicador tiver casas com zeros, não se forma produtos parciais deles.

Por exemplo: 3.246 x 2.005

```
     3.246
x    2.005
    16 230
  6 492___
  6 508 230
```

(4) Quando multiplicado e multiplicador tiverem dezenas iguais e as unidades somam 10: multiplicam-se os algarismos das unidades, e a seguir, o produto das dezenas, aumentando de 1 um dos fatores, e juntam-se os resultados.

Por exemplo: 67 x 63

Produto das unidades: 7 x 3 = 21; produto das dezenas com o acréscimo de 1 a um dos fatores: 6 x 7 = 42; resultado: 4221 ou seja 67 x 63 = 4221.

(5) Quando os algarismos das dezenas do multiplicado e do multiplicador somam 10 e as unidades deles são iguais: multiplicam-se os algarismos das dezenas, acrescido do algarismo da unidade, em seguida, o produto das unidades, e juntam-se os resultados.

Por exemplo: 65 x 45

Produto das dezenas mais o algarismo da unidade: 6 x 4 + 5 = 29; produto das unidades: 5 x 5 = 25; resultado: 2.925 ou seja 65 x 45 = 2925.

(6) Quando o multiplicador é formado só de noves: escreve-se à direita do multiplicando tantos zeros quanto foram os noves do multiplicador e subtrai-se do número formado, o multiplicando, obtendo-se o produto.

Por exemplo: 325 x 999

Número formado menos o multiplicando: 325.000 – 325 = 324 675

(7) Quando o multiplicando é uma dezena e o multiplicador é 11: soma-se os algarismos das dezenas e intercala-se a soma entre os algarismos das dezenas; se a soma for 10 ou mais, agrega-se esta ao algarismo seguinte do multiplicando.

Exemplo: efetuar as multiplicações: 32 x 11 e 75 x 11

32 x 11, somando os algarismos do multiplicando: 3 + 2 = 5; intercalando este em 32:

32 x 11 = 352

75 x 11, somando os algarismos do multiplicando: 7 + 5 = 12, intercala 2 e o 1 é somado à dezena do multiplicando:

75 x 11 = 825

Este caso pode ser generalizado para um multiplicando qualquer, por exemplo: 325 x 11,

Soma dos algarismos das dezenas: 2 + 5 = 7; soma dos dois algarismos seguintes: 3 + 2 = 5; e o 57 é intercalado entre 3 e 5:

325 x 11 = 3575

(8) Quando ambos os fatores são números próximos de 100, 1.000, etc.: multiplicam-se entre si os complementos dos fatores e escreve-se o resultado; acha-se a diferença entre um fator e o complemento do outro fator e juntam-se os resultados.

Exemplo: efetuar 97 x 96

Multiplicando os complementos 3 x 4 = 12; 97 – 4 = 93 , tem-se o resultado:

97 x 96 = 9312

(9) Quando o multiplicador for 5 ou suas potências, 25, 125, etc: multiplica-se o multiplicando por 10 elevado à potência de 5, e divide-se o resultado por 2 elevado à mesma potência, ou seja, se o multiplicador for 5, multiplica-se o multiplicando por 10 e divide-se por 2; se o multiplicando for 25, multiplica-se por 100 e divide-se por 4, se 125, multiplica-se por 1.000 e divide-se por 8; e assim por diante.

Exemplo: efetuar 326 x 125

Multiplica-se o multiplicando por 1.000, 326.000, e divide-se por 8, que dá 40.750, ou seja,

$$326 \times 125 = 40.750$$

(10) Casos especiais:

(a) Dezenas entre 10 e 20: multiplicam-se as unidades entre si – e o que passar de 10 – soma-se a uma das dezenas e o resultado é somado com as unidades da outra:

```
 15         17        14
x 14       x 13      x 12
 210        221       168
```

Aplicando a regra ao 1ª caso: 4 x 5 = 20, anota-se o zero como unidade e soma-se o 2 com 14, que dá 16, que somado 5 (da outra dezena, 15) que dá 21, que escreve-se ao lado do zero, e tem-se o produto 210.

No 3º caso: 2 x 4 = 8, escreve-se como unidade; soma-se uma das dezenas, digamos 12, com as unidades da outra, 4 de 14, que dá 16, que escreve-se à direita do 8, e tem-se o produto 168.

(b) Dezenas entre 20 e 100, terminadas em 5: se a soma das dezenas for par, toma-se a metade dela que é somada ao produto dos algarismos das dezenas, que se escreve à direita de 25; se a soma as dezenas for ímpar, toma-se a metade inteira, como antes, e escreve-se o resultado à direita de 75:

```
  35         35        85
 x 75       x 45      x 65
 2625       1575      5525
```

(c) Dezenas quaisquer entre 20 e 100: multiplicam-se as unidades dos fatores e escreve-se a unidade do produto, como unidade, e a dezena é somada aos produtos cruzados de cada dezena pela unidade da outra, de cujo produto escreve-se a unidade à esquerda da já anotada; o algarismo da dezena é somado ao produto das dezenas que é escrita à direita dos algarismos já formados.

$$\begin{array}{r} 36 \\ \times\, 28 \\ \hline 1008 \end{array}$$

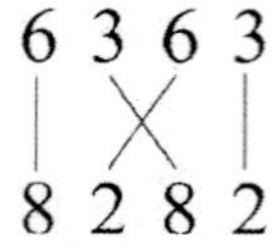

3.11. Formação de Múltiplo de um Número

Dado um número x, o seu dobro é $x + x = 2x$; o seu triplo é $3x$, o seu quádruplo é $4x$, e assim por diante.

Exemplo 3.7
O dobro da idade de uma pessoa somado com o triplo da sua idade é 80. Qual é idade dessa pessoa?

Se x é a idade da pessoa, temos:

$$2x + 3x = 80$$

$$5x = 80$$

$$x = 16 \text{ anos}$$

Exemplo 3.8
O triplo do excesso de um número sobre 20 é igual a 120. Ache o número.

Seja x o número, o excesso dele sobre 20 é $x - 20$, então, temos:

$$3(x - 20) = 120$$

$$x - 20 = 40$$

$$x = 60$$

(9) Quando o multiplicador for 5 ou suas potências, 25, 125, etc: multiplica-se o multiplicando por 10 elevado à potência de 5, e divide-se o resultado por 2 elevado à mesma potência, ou seja, se o multiplicador for 5, multiplica-se o multiplicando por 10 e divide-se por 2; se o multiplicando for 25, multiplica-se por 100 e divide-se por 4, se 125, multiplica-se por 1.000 e divide-se por 8; e assim por diante.

Exemplo: efetuar 326 x 125

Multiplica-se o multiplicando por 1.000, 326.000, e divide-se por 8, que dá 40.750, ou seja,

326 x 125 = 40.750

(10) Casos especiais:
(a) Dezenas entre 10 e 20: multiplicam-se as unidades entre si – e o que passar de 10 – soma-se a uma das dezenas e o resultado é somado com as unidades da outra:

$$\begin{array}{r}15\\ \times\ 14\\ \hline 210\end{array}\qquad\begin{array}{r}17\\ \times\ 13\\ \hline 221\end{array}\qquad\begin{array}{r}14\\ \times\ 12\\ \hline 168\end{array}$$

Aplicando a regra ao 1ª caso: 4 x 5 = 20, anota-se o zero como unidade e soma-se o 2 com 14, que dá 16, que somado 5 (da outra dezena, 15) que dá 21, que escreve-se ao lado do zero, e tem-se o produto 210.

No 3º caso: 2 x 4 = 8, escreve-se como unidade; soma-se uma das dezenas, digamos 12, com as unidades da outra, 4 de 14, que dá 16, que escreve-se à direita do 8, e tem-se o produto 168.

(b) Dezenas entre 20 e 100, terminadas em 5: se a soma das dezenas for par, toma-se a metade dela que é somada ao produto dos algarismos das dezenas, que se escreve à direita de 25; se a soma as dezenas for ímpar, toma-se a metade inteira, como antes, e escreve-se o resultado à direita de 75:

$$\begin{array}{r}35\\ \times\ 75\\ \hline 2625\end{array}\qquad\begin{array}{r}35\\ \times\ 45\\ \hline 1575\end{array}\qquad\begin{array}{r}85\\ \times\ 65\\ \hline 5525\end{array}$$

(c) Dezenas quaisquer entre 20 e 100: multiplicam-se as unidades dos fatores e escreve-se a unidade do produto, como unidade, e a dezena é somada aos produtos cruzados de cada dezena pela unidade da outra, de cujo produto escreve-se a unidade à esquerda da já anotada; o algarismo da dezena é somado ao produto das dezenas que é escrita à direita dos algarismos já formados.

$$\begin{array}{r} 36 \\ \times\,28 \\ \hline 1008 \end{array}$$

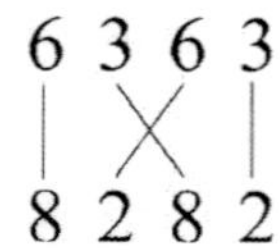

3.11. Formação de Múltiplo de um Número

Dado um número x, o seu dobro é x + x = 2x; o seu triplo é 3x, o seu quádruplo é 4x, e assim por diante.

Exemplo 3.7
O dobro da idade de uma pessoa somado com o triplo da sua idade é 80. Qual é idade dessa pessoa?

Se x é a idade da pessoa, temos:

$$2x + 3x = 80$$

$$5x = 80$$

$$x = 16 \text{ anos}$$

Exemplo 3.8
O triplo do excesso de um número sobre 20 é igual a 120. Ache o número.

Seja x o número, o excesso dele sobre 20 é x – 20, então, temos:

$$3(x - 20) = 120$$

$$x - 20 = 40$$

$$x = 60$$

3.12. Divisão

Divisão é a operação que tem por fim achar quantas vezes um número está contido em outro. O número que se divide é chamado de dividendo, o número que divide, divisor, e o resultado da operação, quociente. A operação divisão é indicada pelo sinal "÷"; " **:** " ou "/" (traço de fração), lê-se: dividido por.

A divisão é concebida quando se retira de um número dado sucessivas partes iguais de outro. Por exemplo: tirar de 20, sucessivamente, 5, até zerá-lo.

$$20 - 5 - 5 - 5 - 5 = 0$$

Para formalizar a divisão, indica-se por:

$$20 \div 5; \text{ ou } 20 : 5; \text{ ou } \frac{20}{5} = 4$$

em que 20 é o dividendo, 5 é o divisor e 4 é o quociente (número de vezes que 5 foi retirado de 20). Se a divisão não for exata, há um resto a considerar.

Quando a divisão é extensa, usa-se o dispositivo prático: escreve-se o dividendo seguido do divisor, separado pelo traço em L longo. Do exemplo acima, temos:

dispositivo prático

$$\begin{array}{r|l} 20 & 5 \\ \hline 0 & 4 \end{array}$$

Neste caso, a divisão é exata e o quociente é 4 e o resto é zero.

[1] Lei da Divisão
O dividendo é igual ao produto do quociente pelo divisor, quando a divisão é exata; e o produto do quociente pelo divisor mais o resto, quando ela é inexata.

Em geral, designado o dividendo por D, o divisor por d, o quociente por q e o resto por r, cumpre-se a lei da divisão:

$$D = q \cdot d \text{ (exata) e } D = q \cdot d + r \text{ (inexata)}$$

O quociente ou divisor é da mesma espécie do dividendo. Note-se que não é possível a divisão por zero, tal como, m/0; assim como não se pode dividir zero por um número, mas, neste caso, 0/m = 0, cumpre a definição de divisão exata.

[2] Divisão de números inteiros: Usando o dispositivo prático; (i) no caso da divisão exata: separa-se do dividendo os algarismos que contenham o divisor, que é escrito como quociente; multiplica-se o quociente pelo divisor e subtrai-se o produto do dividendo separado; ao lado do resto, baixa-se o algarismo seguinte do dividendo, e com este repete-se a operação até obter-se o zero, e a divisão é exata; (ii) no caso da divisão inexata: procede-se como na divisão exata, até obter-se um resto inferior ao divisor que fica anotado.

Exemplo 3.9

Efetue as divisões: 4275 ÷ 25 e 647 ÷ 5

dispositivo prático

4275	25		647	5
177	171		14	129
25			47	
(0)			(2)	

A 1ª divisão é exata e a 2ª, inexata, com o resto 2.

Exemplo 3.10

Uma pessoa tem 134 bombons que dividiu entre 9 familiares, ficando com o resto para si. Com quantos bombons ela ficou?

dispositivo prático

134	9
44	14
8	

Então a pessoa deu 14 bombons a cada familiar e ficou com 8 bombons para si. Quando o dividendo é um número concreto e o divisor um número abstrato, o quociente é da mesma espécie do dividendo; se ambos, dividendo e divisor são números concretos, o quociente é um número abstrato.

Exemplo 3.11

Comprei 8 dólares americanos por R$ 20,00; quanto custam 5 dólares?
A solução da questão é chamada de redução à unidade. Temos:

$$\frac{\text{R\$ 20,00}}{8} = \text{R\$ 2,50, que é o valor de US\$ 1,00}$$

Então, 5 dólares custarão:

R$ 2,50 x 5 = R$ 12,50

Exemplo 3.12
Uma pessoa recebeu R$ 1.200,00 de um trabalho que fez e R$ 1.300,00 de outro trabalho que realizou. Pagou uma dívida de R$ 800,00, e dividiu o resto com sua parceira. Com quanto a pessoa ficou?

Ganhou: R$ 1.200,00 + R$ 1.300,00 = R$ 2.500,00

R$ 2.500,00 – R$ 800,00 = R$ 1.700,00

$$\frac{\text{R\$ 1.700,00}}{2} = \text{R\$ 850,00}$$

Ficou com R$ 850,00

Exemplo 3.13
Uma herança de R$ 300.000,00 deve ser assim dividida: metade para um familiar, um terço da metade para outro familiar, e o resto para pagar uma dívida deixada pelo benfeitor. Quanto recebeu cada um e qual o valor da dívida?

Temos:

$$\frac{\text{R\$ 300.000,00}}{2} = \text{R\$ 150.000,00}$$

$$\frac{\text{R\$ 150.000,00}}{3} = \text{R\$ 50.000,00}$$

Divida:

R$ 300.000,00 – (R$ 150.000,00 + R$ 50.000,00) = R$ 100.000,00

[3] Formação de submúltiplos de um número
Dado um número x, a sua metade é x/2; um terço é x/3, a quarta parte é x/4, e assim por diante.

Exemplo 3.14
Se um terço da idade de uma pessoa é 21, quantos anos ela tem?

Sendo x a idade da pessoa, temos:

$$\frac{x}{3} = 21 \quad \text{ou} \quad x \,\underline{|\,3\,}\; \quad 21$$

O dividendo é igual ao produto do quociente pelo divisor, ou seja:

x = 21 x 3 = 63 anos

3.13. Divisão Abreviada

1) Quando o divisor for 10, 100, 1.000, etc., o quociente é determinado separando-se, da direita para a esquerda, do dividendo de tantos algarismos quantos forem os zeros do divisor.

Por exemplo: 4.328 ÷ 1.000 = 4,328

2) Quando o dividendo e o divisor terminarem em zeros, corta-se o mesmo número de zeros de ambos.

Por exemplo: 94.000 ÷ 400; equivale a termos: 940 ÷ 4 = 235. Usando a representação por fração:

$$\frac{94.000}{400} = \frac{940}{4} = 235$$

3) Quando o divisor for 5 ou suas potências, 25, 125, 625, etc., multiplica-se o dividendo por 2 elevado à potência de 5, e divide-o por 10 elevado à mesma potência.

Por exemplo: $4.750 \div 125 = 4.750 \times 2^3 \div 1.000$, ou melhor,

$$\frac{4.750 \times 8}{1.000} = \frac{38.000}{1.000} = 38$$

3.14. Expressões Numéricas

Expressão numérica é a reunião de números ligados por sinais de operações elementares e sinais de agregação.

Resolver uma expressão numérica é calcular o valor final, após eliminar as operações indicadas, das mais internas, entre parênteses, às mais externas, com chaves e colchetes, priorizando-se multiplicações e divisões diante de adições e subtrações.

Exemplo 3.15
Resolva a expressão numérica: {360: [(23 – 17) x 2] – 26}.

$$\{360 \div [\,(23 - 17) \times 2] - 26\} = \{360 \div [6 \times 2] - 26\}$$

$$= \{360 \div 12 - 26\}$$

$$= 30 - 26$$

$$= 4$$

3.15. Divisibilidade

Divisibilidade é a propriedade que tem um número de ser dividido ou dividir outro exatamente.

[1] Caracteres da divisibilidade
1) Divisibilidade por 2:
Um número é divisível por 2 quando é par ou termina em zero:

6, 12, 16, 20,100, etc.

2) Divisibilidade por 3:
Um número é divisível por 3 quando a soma dos seus valores absolutos é um múltiplo de 3:

342 é divisível por 3 porque a soma dos valores absolutos dos seus algarismos, 3 + 4 + 2 = 9, também o é.

3) Divisibilidade por 4:
Um número é divisível por 4 quando os dois últimos algarismos da direita forem divisíveis por 4 ou quando terminar em dois ou mais zeros.

2.016; 16 é divisível por 4, portanto, 2.016 é divisível por 4.

4) Divisibilidade por 5:
Um número é divisível por 5 quando terminar em 5 ou zero:
1995 é divisível por 5, porque termina em 5; 2.010, idem.

5) Divisibilidade por 6:
Um número é divisível por 6 quando é par e divisível por 3:

324 é divisível por 6 porque é par e divisível por 3.

6) Divisibilidade por 7:
Para verificar se um número é divisível por 7, separa-se o número em classes e efetua-se as operações: a soma das unidades, a soma dos algarismos das dezenas multiplicado por 3, e a soma dos algarismos das centenas multiplicado por 2; se o resultado for divisível por 7, o número também será:

Verificar se 161.931 é divisível por 7

soma das unidades 1 + 1 = 2

soma das dezenas x 3: (3 + 6) x 3 = 27

soma das centenas x 2: (9 + 1) x 2 = 20

soma dos resultados: 2 + 27 + 20 = 49 , que é divisível por 7, portanto o

número 161.931 também o é.

7) Divisibilidade por 8:
Um número é divisível por 8 quando os três últimos algarismos da direita forem divisíveis por 8 ou quando o número terminar em três ou mais zeros:

2.064 é divisível por 8 porque a centena o é.

2.000 é divisível por 8 porque termina com três zeros.

8) Divisibilidade por 9:
Um número é divisível por 9 quando a soma dos valores absolutos dos seus algarismos também o for:

531 é divisível por 9 porque $5 + 3 + 1 = 9$ é divisível por 9.

9) Divisibilidade por 10:
Um número é divisível por 10 quando terminar em zero.

10) Divisibilidade por 11:
Um número é divisível por 11 quando a soma dos valores absolutos dos seus algarismos de ordem par for igual à soma dos valores absolutos dos seus algarismos de ordem ímpar:

5.346 é divisível por 11, porque a soma dos valores absolutos de ordem par, $5 + 4 = 9$ e a soma de ordem ímpar, $3 + 6 = 9$.

4 - PROPRIEDADES DOS NÚMEROS INTEIROS

Na numeração, há duas classes de números que se distinguem por suas propriedades de serem divididos ou não. Os números que não são passiveis de divisão são chamados de números primos, e os que são, denominados de números múltiplos.

4.1. Números Primos

Números primos são aqueles que só podem ser divididos por si e pela unidade; exemplo: 2, 3, 5, 7, 11, etc.

Os números primos estão incluídos no conjunto dos números ímpares e, como estes, formam uma sequência infinita.

Para achar os números primos, usa-se o crivo de Eratóstenes, que preconiza o seguinte método:

Escreve-se, a partir de 3, os números ímpares até o limite desejado; marcam-se os números de 3 em 3, a contar do 5; marca-se de 5 em 5, a contar do 7; marca-se de 7 em 7, a contar do 9, e assim por diante. Os números que não foram marcados serão os números primos procurados que deverão ser precedidos de 1 e 2, na sequência.

Exemplo 4.1
Achar todos os números primos até 65.

Escrevem-se os números ímpares até 65 e aplica-se a regra de Eratóstenes:

3, 5, 7, 9, 11, 13, 15, 17, 19, 21, 23, 25, 27, 29, 31, 33, 35, 37, 39, 41, 43, 45, 47, 49, 51, 53, 55, 57, 59, 61, 63, 65.

Os números não assinalados são os números primos procurados, precedidos de 1 e 2:

1, 2, 3, 5, 7, 11, 13, 17, 19, 23, 29, 31, 37, 41, 43, 47, 53, 59, 61.

Quando se compara dois números entre si e verifica-se que eles só são divisíveis pela unidade, eles são chamados de primos entre si. Em geral, dois números consecutivos são primos entre si, como 7 e 8, 11 e 12, etc.
Dois números primos são também primos entre si.

4.2. Fatores Primos

Fatores primos formam um conjunto de números primos entre si que, multiplicados entre si, produzem um número múltiplo.

Exemplo: 2, 3 e 7 são fatores primos, porque 2 x 3 x 7 = 42, que é, no caso, um número múltiplo dos fatores.

O número múltiplo se caracteriza por ter fatores e por tê-los como divisores dele.

[1] Decomposição de um número em seus fatores primos
Para decompor um número em seus fatores primos, usa-se o dispositivo prático abaixo: separa-se o número por um traço vertical e efetua-se a divisão sucessiva com os números primos até encontrar o quociente 1.

Exemplo 4.2
Decompor 210 em seus fatores primos.

Dispositivo prático

210	2
105	3
35	5
7	7
1	

Os fatores primos de 210: 2 x 3 x 5 x 7 = 210

[2] Determinação dos divisores de um número
Uma vez feita a decomposição do número em seus fatores primos (anotados à direita da vertical), a determinação dos divisores do número é feita multiplicando cada fator pelos seus precedentes, inclusive pelos produtos formados, até o último produto que dá o número decomposto.

Tomemos o exemplo anterior e façamos as multiplicações conforme a regra acima:

$$\begin{array}{r|l} 210 & 2 \\ 105 & 3,\ 6 \\ 35 & 5,\ 10,\ 15,\ 30 \\ 7 & 7,\ 14,\ 21,\ 42,\ 35,\ 70,\ 105,\ 210 \\ 1 & \end{array}$$

4.3. Máximo Divisor Comum

Quando se analisa a decomposição de dois ou mais números, estes podem apresentar divisores comuns. É de interesse encontrar o maior divisor comum desses números.

O máximo divisor comum, abrevia-se m.d.c, de dois ou mais números é o maior divisor comum.

Para a determinação do m.d.c., usa-se a seguinte regra: divide-se o maior número pelo menor, e, se não ficar resto, o menor número será o m.d.c dos dois; se tiver resto, divide-se o divisor pelo primeiro resto, o segundo divisor pelo segundo resto, e assim por diante, até encontrar a divisão exata; o último divisor será o m.d.c. procurado.

Exemplo 4.3
Ache o m.d.c dos números 320 e 40; 420 e 136.

Usando-se o dispositivo prático, escreve-se os números separados por traços, como abaixo, e faz-se a divisão do maior pelo menor:

$$\begin{array}{c|c} & 8 \\ 320 & 40 \\ \hline 0 & \end{array} \text{ ; então o m.d. c. dos números é 40}$$

$$\begin{array}{c|c|c|c|} & 3 & 11 & 3 \\ 420 & 136 & 12 & 4 \\ \hline 12 & 4 & 0 & \end{array} \text{; então o m.d. c. dos números é 4}$$

Exemplo 4.4
Achar o m.d.c dos números 210 e 90 pelos fatores primos.

Decompõem-se os números em seus fatores primos e assinalam-se os fatores comuns:

$$\begin{array}{r|l} 210 & 2- \\ 105 & 3- \\ 35 & 5- \\ 7 & 7 \\ 1 & \end{array} \qquad \begin{array}{r|l} 90 & 2- \\ 45 & 3- \\ 15 & 3 \\ 5 & 5- \\ 1 & \end{array}$$

Multiplicam-se os fatores comuns, sem repetição, 2 x 3 x 5 = 30, que é o m.d.c. dos números dados.

4.4. Mínimo Múltiplo Comum

Um número multiplicado por dois ou mais fatores gera um número múltiplo. E os números múltiplos são ilimitados. Dois ou mais números múltiplos podem ter um múltiplo comum que é divisível exatamente pelos números dados. É de interesse determinar o menor múltiplo comum de dois ou mais números.

Mínimo múltiplo comum, abrevia-se m.m.c., é o menor número divisível exatamente por dois ou mais números dados.
O m.m.c. pode ser encontrado usando os divisores primos ou usando o m.d.c.

Exemplo 4.5
Ache o m.m.c dos números 3, 4 e 6 pelos fatores primos.

Dispõem-se os números dados no dispositivo prático e procede-se como no caso dos fatores primos:

$$\begin{array}{r|l} 3,\ 4,\ 5 & 2 \\ 3,\ 2,\ 5 & 2 \\ 3,\ 1,\ 5 & 3 \\ 1,\ 1,\ 5 & 5 \\ 1,\ 1,\ 1 & \end{array}$$

m.m.c.: 2 x 2 x 3 x 5 = 60

Exemplo 4.6
Ache o m.m.c dos números 850 e 375, pelo m.d.c.

Faz-se o m.d.c dos números dados, dividindo-se o maior deles pelo quociente final; e multiplica-se este pelo número menor, cujo produto é o m.m.c. buscado.

	2	3	1	3
850	375	100	75	25
100	75	25	0	

850 ÷ 25 = 34 e 375 x 34 = 12.750 é o m.m.c. dos números dados.

O m.m.c. pode ainda ser obtido pela decomposição em fatores primos e obtido pelo produto dos fatores primos mais repetidos.

Exemplo 4.7
Achar o m.m.c dos números 54 e 60, pela decomposição em fatores primos.

54	2
27	3
9	3
3	3
1	

60	2
30	2
15	3
5	5
1	

m.m.c.: 2 x 2 x 3 x 3 x 3 x 5 = 540

5 – FRAÇÕES

Fração é um número racional que representa uma ou mais partes da unidade.

As frações dividem-se em frações ordinárias e frações decimais.

5.1. Frações Ordinárias

Fração ordinária é o número que representa partes iguais da unidade dividida em um número qualquer de partes.

Dividindo-se uma unidade por 5 partes iguais e tomando-se 3 delas, escreve-se: 3/5, sendo 3 o numerador, que indica as partes iguais tomadas da unidade, e 5 o denominador, que indica em quantas partes iguais está dividida a unidade. Numerador e denominador são termos da fração.

Graficamente: 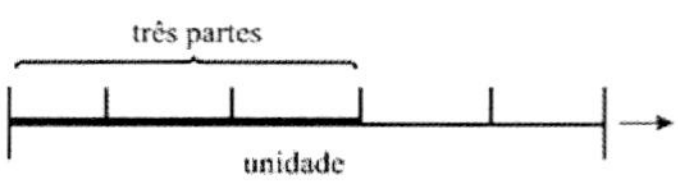

$\frac{3}{5}$, lê-se 3 quintos

Enuncia-se a fração lendo-se o numerador e em seguida o denominador; se ele é inferior a 10, use a palavra meios, para 2, terços, para três, quartos, para 4, quintos, para 5, etc.

$\frac{2}{3}$ (dois terços) ; $\frac{5}{6}$ (cinco sextos)

Se o denominador for superior a 10, lê-se o número indicado no numerador seguido do número indicado no denominador mais a palavra avos (que significa partes iguais):

$\frac{3}{15}$ (três quinze avos); $\frac{5}{12}$ (cinco doze avos)

A fração é própria quando o numerador é menor do que o denominador:

$$\frac{3}{4} ; \frac{7}{8}$$

E imprópria quando o numerador é maior do que o denominador:

$$\frac{4}{3} ; \frac{8}{7}$$

5.2. Propriedades das Frações Ordinárias

1) Uma fração não se altera quando se multiplica ou se divide ambos os termos pelo mesmo número; e a fração resultante é equivalente à original:

$$\frac{3}{4} = \frac{3 \times 2}{4 \times 2} = \frac{6}{8} \text{ (que é equivalente à 1ª fração)}$$

E reciprocamente:

$$\frac{6 \div 2}{8 \div 2} = \frac{3}{4}$$

5.3. Comparação de Frações Ordinárias

2) De duas frações que têm o mesmo denominador, a maior será a que tiver maior numerador:

$$\frac{3}{5} > \frac{2}{5}$$

2) De duas frações que têm o mesmo numerador, a maior será a que tiver menor denominador:

$$\frac{3}{4} > \frac{3}{5}$$

5.4. Transformação e Redução de Frações Ordinárias

Transformar um número inteiro em uma fração ordinária: toma-se o inteiro como numerador e 1 como denominador.

Transformar 5 em fração ordinária; visto que 1 = 1/1, temos:

$$5 \text{ x } \frac{1}{1} = \frac{5}{1}$$

Se queremos que o inteiro tenha um denominador determinado, por exemplo, 7, toma-se 1 = 7/7, e faz-se a multiplicação, como no caso anterior:

$$5 \text{ x } \frac{7}{7} = \frac{35}{7}$$

2) Transformar um número misto em uma fração imprópria: multiplica-se a parte inteira do número misto pelo denominador e soma-se o produto com o numerador:

$$5\frac{2}{3} = \frac{5 \text{ x } 3 + 2}{3} = \frac{17}{3}$$

E, reciprocamente, transforma-se a fração imprópria em um número misto, efetuando a divisão.

5.5. Simplificação de Frações Ordinárias

Diz-se que uma fração ordinária é redutível a uma forma mais simples quando se pode transformá-la em outra equivalente com os termos de menor valor: divide-se numerador e denominador, sucessivamente, até ela ficar com seus termos irredutíveis:

$$\frac{6}{24} = \frac{6 \div 3}{24 \div 3} = \frac{2}{8} = \frac{1}{4}$$

Exemplo 5.1
Simplifique a fração ordinária 56/132 usando a decomposição em seus fatores primos.

Temos:

$$\begin{array}{r|l} 56 & 2 \\ 28 & 2 \\ 14 & 2 \\ 7 & 7 \\ 1 & \end{array} \qquad \begin{array}{r|l} 132 & 2 \\ 66 & 2 \\ 33 & 3 \\ 11 & 11 \\ 1 & \end{array}$$

Então,

$$\frac{56}{132} = \frac{2 \text{ x } 2 \text{ x } 2 \text{ x } 7}{2 \text{ x } 2 \text{ x } 3 \text{ x } 11} = \frac{14}{33}$$

Exemplo 5.2
Simplifique a fração ordinária 136/420 usando o m.d.c

$$\begin{array}{c|c|c|c} & 3 & 11 & 3 \\ 420 & 136 & 12 & 4 \\ \hline 12 & 4 & 0 & \end{array}$$

m.d. c. dos números é 4, então,

$$\frac{132 \div 4}{420 \div 4} = \frac{33}{105}$$

5.6. Operações com Frações Ordinárias

As operações fundamentais feitas com os números inteiros são aplicadas às frações, segundo regras a serem estabelecidas.

[1] Adição de Frações Ordinárias

1º caso: em adição de frações ordinárias com o denominador comum, somam-se os numeradores:

$$\frac{3}{7} + \frac{2}{7} + \frac{1}{7} = \frac{3+2+1}{7} = \frac{6}{7}$$

2º caso: adição de frações ordinárias com denominadores diferentes, reduzem-se as frações ao mesmo denominador, e procede-se como no 1º caso:

$$\frac{2}{5} + \frac{1}{6} + \frac{3}{12}$$

Determina-se o m.m.c de 5, 6, 12 que é 60.

Divide-se 60 por cada denominador e multiplica-se o resultado por cada numerador:

$$\frac{2}{5} + \frac{1}{6} + \frac{3}{12} = \frac{12 \text{ x } 2}{60} + \frac{10 \text{ x } 1}{60} + \frac{5 \text{ x } 3}{60} = \frac{24+10+15}{60} = \frac{49}{60}$$

3º caso: adição de frações ordinárias com número inteiro: multiplica-se o inteiro pelo denominador e soma-se com o numerador:

$$3 + \frac{2}{5} = \frac{3 \text{ x } 5 + 2}{5} = \frac{17}{5}$$

4º caso: adição de frações ordinárias com números mistos, transformam-se os números mistos em frações impróprias e procede-se como no 3º caso:

$$3\frac{2}{5} + 2\frac{3}{5} = \frac{17}{5} + \frac{13}{5} = \frac{30}{5} = 6$$

Se os denominadores foram diferentes, procede-se com no 2º caso e, depois, como no 3º caso:

$$3\frac{1}{5} + 2\frac{2}{6} = \frac{16}{5} + \frac{14}{6} = \frac{16 \times 6 + 14 \times 5}{30} = \frac{166}{30}$$

[2] Subtração de Frações Ordinárias
1º caso: subtração de frações ordinárias com o denominador comum, subtraem-se os numeradores:

$$\frac{5}{7} - \frac{2}{7} = \frac{5-2}{7} = \frac{3}{7}$$

2º caso: subtração de frações ordinárias com denominadores diferentes, reduzem-se as frações ao mesmo denominador, e procede-se como no 1º caso:

$$\frac{3}{5} - \frac{1}{6} = \frac{18-5}{30} = \frac{13}{30}$$

3º caso: subtração de fração ordinária de um inteiro, multiplica-se o inteiro pelo denominador e subtrai-se o produto do numerador:

$$3 - \frac{2}{5} = \frac{15-2}{5} = \frac{13}{5}$$

4º caso: subtração de números mistos, transformam-se os números mistos em frações impróprias e procede-se como nos casos anteriores:

$$3\frac{2}{4} - 2\frac{3}{5} = \frac{14}{4} - \frac{13}{5} = \frac{70-52}{20} = \frac{18}{20}$$

[3] Multiplicação de Frações Ordinárias
1º caso: multiplicação de fração ordinária por outra, multiplicam-se os numeradores e os denominadores entre si:

$$\frac{3}{4} \times \frac{2}{3} = \frac{6}{12}$$

2º caso: multiplicação de um inteiro por uma fração ordinária, multiplica-se o inteiro pelo numerador e mantém-se o denominador:

$$2 \text{ x } \frac{3}{12} = \frac{6}{12}$$

3º caso: multiplicação de números mistos, transforma-se os números mistos em frações impróprias e efetua-se a multiplicação dos numeradores e denominador entre si:

$$4\frac{2}{3} \text{ x } 2\frac{1}{4} = \frac{14}{3} \text{ x } \frac{9}{4} = \frac{126}{12}$$

[4] Divisão de Frações Ordinárias

1º caso: dividir uma fração ordinária por outra, multiplica-se a fração dividendo pela fração divisora invertida:

$$\frac{3}{4} \div \frac{2}{3} = \frac{3}{4} \text{ x } \frac{3}{2} = \frac{9}{8}$$

2º caso: para dividir um inteiro por uma fração ordinária, multiplica-se o inteiro pela fração ordinária invertida:

$$2 \div \frac{4}{3} = 2 \text{ x } \frac{3}{4} = \frac{6}{4}$$

3º caso: para dividir uma fração ordinária por um inteiro, multiplica-se a fração pelo inteiro invertido:

$$\frac{2}{3} \div 2 = \frac{2}{3} \text{ x } \frac{1}{2} = \frac{2}{6}$$

4º caso: para dividir número misto por outro, transforma-se os números mistos em frações impróprias e procede-se como no 1º caso:

$$4\frac{2}{3} \div 2\frac{1}{4} = \frac{14}{3} \div \frac{9}{4} = \frac{14}{3} \times \frac{4}{9} = \frac{56}{27}$$

5.7. Fração de Fração

Fração de fração é uma ou mais partes iguais de uma fração: para obtê-la, multiplicam-se as frações entre si. Vejamos exemplos.

Exemplo 5.3
Achar o valor de 1/4 de 2/3.

$$\frac{1}{4} \times \frac{2}{3} = \frac{2}{12}$$

Exemplo 5.4
Dividiu-se uma unidade em partes iguais e tomou-se 3/4 dela, dividindo-a novamente em 2/5, qual é a fração decorrente?
Temos,

$$\frac{3}{4} \times \frac{2}{5} = \frac{6}{20} \text{ ou } \frac{3}{10}$$

5.8. Fração de Quantidades

Fração de quantidade é uma ou mais partes iguais de uma quantidade.

1º caso: dada a quantidade e sua parte, determinar a fração correspondente.

Exemplo 5.5
Qual é a fração correspondente a 40 alunos de uma turma de 120 alunos?

Tem-se a fração das quantidades (no item 11 ela será chamada de razão):

$$\frac{40}{120} = \frac{1}{3}$$

2º caso: dada a fração, ache a quantidade correspondente

Exemplo 5.6
Quanto é 2/5 de 250 laranjas?

Tem-se a fração da quantidade:

$$250 \text{ x } \frac{2}{5} = \frac{500}{5} = 100$$

6 – FRAÇÕES DECIMAIS

Fração decimal é o número que representa uma ou mais partes da unidade dividida de 10 em 10 partes.

A fração decimal é representada sob a forma de fração ordinária, com o denominador 10, 100, 1.000, 10.000, etc.:

$$\frac{2}{10}\ ;\ \frac{3}{100}\ ;\ \frac{42}{1.000}\ ;\ \frac{25}{10.000}\ ;\ \text{etc.}$$

Ou sob a forma de número decimal, com a parte inteira ou classe inteira, separada pela vírgula, da parte decimal ou classe decimal:

classe inteira   classe decimal

314,159

A classe inteira pode ser zero. A classe decimal, à direita da vírgula, tem suas casas com nomes especiais:

1ª casa, depois da vírgula, recebe o nome de décimos.			
2ª casa,	"	"	centésimos
3ª casa,	"	"	milésimos
4ª casa,	"	"	décimos milésimos
5ª casa,	"	"	centésimos milésimos
6ª casa,	"	"	milionésimos
7ª casa,	"	"	décimos milionésimos

E assim por diante.

As frações decimais com numerador 1 podem ser escritas sob a forma de frações ordinárias com denominadores 10 e suas potências:

$$\frac{1}{10}\ ;\ \frac{1}{100}\ ;\ \frac{1}{1.000}\ ;\ \frac{1}{10.000}\ ;\ \text{etc.}$$

Estas são escritas também como números decimais, respectivos:

1 décimo	1 centésimo	1 milésimo	1 décimo milésimo
0,1 ;	0,01 ;	0,001 ,	0,0001, etc.

A leitura do número decimal é feita anunciando-se a classe inteira seguida da classe decimal conforme o nome das casas ou classes decimais. Ou, também, lê-se o número decimal como inteiro e enuncia-se sua parte decimal.

No exemplo dado acima, 314,159, lê-se: trezentos e quatorze inteiros e cento e cinquenta e nove milésimos.

Reciprocamente, enunciado um número decimal, para escrevê-lo graficamente:

Vinte e sete milésimos, escreve-se, 0,027;
Trinta e oito inteiros e cinquenta e dois centésimos, ou ou também, três mil oitocentos e cinquenta e dois centésimos, escreve-se: 38,52;

6.1. Propriedade das Frações Decimais

1) O número decimal não se altera se se coloca zeros à direita:

5,21 e 5,210 ou 5,210 0

2) O número decimal fica multiplicado por 10, 100, 1.000, etc. quando se desloca a vírgula à direita, de uma, duas, três casas, etc..

0,421, 4,21, 42,1, 421, etc.

3) O número decimal fica dividido por 10, 100, 1.000, etc., quando se desloca a vírgula à esquerda, de uma, duas, três casas, etc.:

314,159, 31,4159, 3,14159

6.2. Operações com Frações Decimais

As operações fundamentais são aplicáveis às frações decimais, observadas algumas peculiaridades.

[1] ADIÇÃO DE FRAÇÕES DECIMAIS

Para somar frações decimais, representadas pelos seus números decimais, escreve-se as parcelas uma abaixo da outra, observando-se a posição da vírgula, uma abaixo da outra, e somam-se as parcelas como se fossem números inteiros. É útil completar com zeros a parte decimal para que todas as parcelas fiquem com o mesmo número de casas decimais.

Somar: 3,62 + 12,3 + 0,72 + 326,08

Dispositivo prático

$$\begin{array}{r} 3{,}62 \\ 12{,}30 \\ 0{,}72 \\ \underline{326{,}08} \\ 342{,}72 \end{array}$$

[2] SUBTRAÇÃO DE FRAÇÕES DECIMAIS

À subtração de frações decimais, representadas pelos seus números decimais, escreve-se o minuendo e abaixo deste o subtraendo, observando-se a posição da vírgula, uma abaixo da outra, e efetua-se a subtração como se fossem números inteiros.

$$\begin{array}{r} 13{,}62 \\ -\underline{\ \ 7{,}30} \\ 6{,}32 \end{array}$$

[3] MULTIPLICAÇÃO DE FRAÇÕES DECIMAIS

À multiplicação de frações decimais, representadas pelos seus números decimais, escreve-se o multiplicador abaixo do multiplicando, observando-se a posição da vírgula, uma abaixo da outra, e efetua-se a multiplicação como se fossem números inteiros, e, no final, separa-se, no produto, da direita para a esquerda, tantos algarismos quantos forem os algarismos decimais de ambos os fatores.

$$\begin{array}{r} 14{,}6 \\ \underline{\times\ 7{,}3} \\ 438 \\ \underline{1022\ \ } \\ 106{,}58 \end{array} \qquad \begin{array}{r} 0{,}36 \\ \times\ \underline{0{,}16} \\ 216 \\ \underline{36\ \ } \\ 0{,}0576 \end{array}$$

Observe que no segundo caso tivemos que completar o produto com os zeros necessários à esquerda, inclusive para compor a parte inteira.

[4] DIVISÃO DE FRAÇÕES DECIMAIS
À divisão de frações decimais, representadas pelos seus números decimais, efetua-se a divisão como se fossem inteiros, e no final, faz-se a composição da parte decimal.

$52{,}2 \div 0{,}36$ $\qquad$ $0{,}048 \div 2{,}4 \rightarrow 48 \div 2400$

```
52,20 | 0,36         48 | 2400     ou     48 | 24ϕϕ
16 2    145           0   0,02             0  0,02
 180
   0
```

No segundo caso, como o dividendo é menor que o divisor, ou multiplica-se o dividendo por 1000 ou dividi-se o divisor por 100 , o que implica em dividir o quociente por 100, e obtém-se 0,02.

Caso da divisão com resto: põe-se a vírgula no quociente e zero à direita do resto, prosseguindo-se a divisão, e repetindo o procedimento dado.

Para efetuar a divisão: $\quad 4{,}35 \div 3{,}5 \rightarrow 435 \div 350$

```
435  | 350
 850  1,2
 150
```

Pode-se prosseguir com a divisão colocando-se zero no resto "aparente", e ele fica multiplicado por 100:

```
435  | 350
850   1,24
1500
 100
```

O resto real a considerar é $100/100 = 1$, pois $350 \times 1{,}24 + 1 = 435$

6.3. Conversão de Frações Decimais em Ordinárias

(i) Conversão de fração decimal finita para a forma de fração ordinária: toma-se para numerador o número decimal sem a vírgula e para denominador a unidade seguida de tantos zeros quantos são os algarismos da parte decimal.

$$0,82 = \frac{82}{100} \; ; \; 0,0325 = \frac{325}{10000} \; ; \; 4,7 = \frac{47}{10}$$

(ii) Conversão de Fração Ordinária em Fração Decimal: divide-se o numerador pelo denominador, observando-se a regra da divisão sem resto ou com resto.
Exemplos:

$$\frac{3}{4} = 0,75$$

```
30 |4
20  0,75
 0
```

$$\frac{7}{8} = 0,875$$

```
70 |8
 60  0,875
 40
  0
```

$$\frac{13}{15} = 0,866 \ldots$$

```
130 |15
 100  0,866 ...
 100
   10
```

Neste último caso, a conversão gerou fração decimal infinita, que será chamada de fração decimal periódica ou dízima periódica, e o algarismo que se repete é denominado de período.

6.4. Dízimas Periódicas

A dízima periódica pode ser simples ou composta.

(i) Dízima periódica simples é aquela cujo período se repete na mesma ordem, depois da vírgula:

0,666666 ... ; 0,353535 ... ; 0,888888 ...

(ii) Dízima periódica composta, é aquela que, entre a vírgula e o período, figuram um ou mais algarismos que não se repetem, chamados de parte não periódica:

0,523333 ... ; 0,7291666 ...

Nestes exemplos, 52 ou 7291 é chamado de parte não periódica.

6.5. Determinação de Dízima Periódica

O problema que se propõe resolver é: dada a dízima periódica, achar a fração ordinária que a gerou ou a fração geratriz.

1) Para determinar a geratriz de uma dízima periódica simples: toma-se para numerador o período, e para denominador tantos noves quantos são os algarismos do período; e efetua-se a simplificação possível

Exemplo 6.1
Ache a fração geratriz da dízima 0,666 ... ; e 0,727 2 ...

Temos:

$$0{,}666\ ... = \frac{6}{9} \text{ ou } \frac{2}{3}\ ;\quad 0{,}7272\ ... = \frac{72}{99} \text{ ou } \frac{8}{11}$$

2) Para determinar a geratriz de uma dízima periódica composta: toma-se para numerador a parte não periódica seguida de um período menos a parte não periódica, e para denominador tantos noves quantos são os algarismos do período, seguido de tantos zeros quantos são os algarismos da parte não periódica; e efetua-se a simplificação possível

Exemplo 6.2
Ache a geratriz da dízima 0,533333 ... ; e 0,123333 ...

$$0{,}533333\ ... = \frac{53-5}{90} = \frac{48}{90} \text{ ou } \frac{24}{45}$$

$$0{,}123333\ldots = \frac{123 - 12}{900} = \frac{111}{900}$$

6.6. Conversão de Frações Ordinárias em Frações Decimais

1) Toda fração ordinária irredutível, cujo denominador contenha os fatores primos 2 e 5, produz uma dízima finita ou não periódica.

Exemplos:

$$\frac{3}{4} = 0{,}75 \; ; \qquad \frac{13}{25} = 0{,}52$$

2) Toda fração ordinária irredutível, cujo denominador não contém os fatores primos 2 ou 5, produz uma dízima periódica simples:

$$\frac{2}{3} = 0{,}666\ldots \; ; \qquad \frac{8}{9} = 0{,}888\ldots$$

3) Toda fração ordinária irredutível, cujo denominador contiver outros fatores além de 2 ou 5, produz uma dízima periódica composta:

$$\frac{5}{6} = 0{,}8333\ldots \; ; \qquad \frac{34}{45} = 0{,}755555\ldots$$

A seguir, passaremos a estudar mais duas operações: potenciação e radiciação, as quais, junto com as operações fundamentais, formam as operações elementares da Aritmética.

7 – POTENCIAÇÃO

Potenciação é a operação que tem por fim achar o produto de um número multiplicado por si mesmo duas ou mais vezes.

7.1. Potência de um número

É o produto de fatores iguais ao número

$5 \times 5 \times 5 = 125$ e $3 \times 3 \times 3 \times 3 = 81$

Foi Descartes quem usou pela 1ª vez a contagem do número de fatores iguais e indicou-o como expoente ou grau da potência, e chamou de base da potência o fator que se repete. Então, os exemplos acima são anotados, como:

$5 \times 5 \times 5 = 5^3$ e $3 \times 3 \times 3 \times 3 = 3^4$

Então, reciprocamente, as representações cartesianas das potências acima, significam, por definição:

$5^3 = 5 \times 5 \times 5$ e $3^4 = 3 \times 3 \times 3 \times 3$

Lê-se: cinco elevado à terceira potência ou cinco elevado a 3; três elevado à quarta potência ou três elevado a 4.

Generalizando: se a é a base da potência e n é o expoente, inteiro e positivo, a enésima potência de a, é a notada como

$$a^n = \overbrace{a \cdot a \cdot a \cdot \ldots \cdot a}^{\text{n fatores iguais}}$$

E convencionou-se que, para $n = 1$, $a^1 = a$; e, para $n = 0$, $a^0 = 1$, já que ambos não cumprem a definição de potência, mas aparecem nos cálculos.

Em particular: $n = 2$, a^2, é segunda potência de a, ou quadrado de a; e $n = 3$, a^3, é a terceira potência de a, ou cubo de a; a^2 e a^3 representam, respectivamente, a área de um quadrado de lado a, e o volume de um cubo de aresta a.

7.2. Quadrado de um Número

Quadrado é a potência do segundo grau: produto de dois fatores iguais.

Números inteiros: 1, 2, 3, 4, 5, 6, 7, 8, 9, 10, 11, 12

Quadrados Perfeitos: 1, 4, 9, 16, 25, 36, 49, 64, 81, 100, 121, 144

Os números da 2ª linha são chamados de quadrados perfeitos; e os números da 1ª linha são denominados de raízes quadradas dos números da 2º linha.

Se um número não tem raiz quadrada, ele não é um quadrado perfeito. Os números terminados em 2, 3, 7 e 8, não são quadrados perfeitos porque eles não têm raízes quadradas exatas, mas raízes aproximadas.

Para se saber se um número é um quadrado perfeito ou não, recorre-se à decomposição de seus fatores primos: se os expoentes desses fatores forem pares, o número é um quadrado perfeito; caso contrário, ele é um quadrado imperfeito.

Exemplo 7.1
Verifique se 225 é ou não um quadrado perfeito.

$$\begin{array}{r|l} 225 & 3 \\ 75 & 3 \\ 15 & 5 \\ 5 & 5 \\ 1 & \end{array}$$

Assim: $3^2 \times 5^2 = (3 \times 5)^2 = 225$, é o quadrado perfeito de 15.

Exemplos diversos do quadrado de um número:

Inteiro: $3^2 = 3 \times 3$.

Fração ordinária: $\left(\frac{2}{3}\right)^2 = \left(\frac{2}{3}\right)\left(\frac{2}{3}\right) = \frac{4}{9}$

Número misto: $(2\frac{3}{5})^2 = (\frac{13}{5})^2 = (\frac{13}{5})(\frac{13}{5}) = \frac{169}{25}$

Fração decimal: $(0{,}25)^2 = (0{,}25) \cdot (0{,}25) = 0{,}0625$

7.3. Cubo de um Número

Cubo é a potência do terceiro grau: produto de três fatores iguais.

Números:	1,	2,	3,	4,	5,	6,	7,	8,	9,	10
Cubos Perfeitos:	1,	8,	27,	64,	125,	216,	343,	512,	729,	1000

Os números da 2ª linha são chamados de cubos perfeitos; e os números da 1ª linha são denominados de raízes cúbicas desses cubos.

Se um número não tem raiz cúbica, ele não é um cubo imperfeito. Número com terminação par e não divisível por 8 não é um cubo perfeito; número terminado em um número par de zeros que não seja múltiplo 3 não é um cubo perfeito. Em ambos os casos, eles têm raízes cúbicas aproximadas..

Para se saber se um número é um cubo perfeito ou não, recorre-se à decomposição de seus fatores primos: se os expoentes desses fatores forem ímpares, o número é um cubo perfeito; caso contrário, ele é um cubo imperfeito.

Exemplo 7.2
Verifique se 1.331 é ou não um cubo perfeito.

$$\begin{array}{r|l} 1331 & 11 \\ 121 & 11 \\ 11 & 11 \\ 1 & \end{array}$$

Então, $11^3 = 1.331$, é um cubo perfeito

Exemplos diversos do cubo de um número:

Inteiro: $4^3 = 4 \times 4 \times 4$

Fração ordinária: $\left(\frac{2}{3}\right)^3 = \left(\frac{2}{3}\right)\left(\frac{2}{3}\right)\left(\frac{2}{3}\right) = \frac{8}{27}$

Número misto: $\left(2\frac{3}{5}\right)^3 = \left(\frac{13}{5}\right)^3 = \left(\frac{13}{5}\right)\left(\frac{13}{5}\right)\left(\frac{13}{5}\right) = \frac{2197}{125}$

Fração decimal: $(0{,}25)^3 = (0{,}25)\,(0{,}25)\,(0{,}25) = 0{,}0156\,25$

7.4. Propriedades das Potências

Dadas as potências de mesma base, a^m e a^n, podemos efetuar com elas as seguintes operações:

1ª) Produto de Potências: somam-se os expoentes:

$$a^m \cdot a^n = a^{m+n}$$

Por definição, temos:

$$\underbrace{a \cdot a \cdot a \cdot \ldots \cdot a)}_{m \text{ fatores}} \underbrace{(a \cdot a \cdot a \cdot \ldots \cdot a)}_{n \text{ fatores}} = a^{m+n}$$

Exemplo 7.3

$$10^4 \times 10^2 = 10^{4+2} = 10^6$$

2ª) Divisão de Potências: subtraem-se os expoentes:

$$\frac{a^m}{a^n} = a^{m-n}$$

Exemplo 7.4:

1º caso: $\frac{10^5}{10^3} = 10^{5-3} = 10^2$

2º caso: $\dfrac{10^3}{10^5} = 10^{3-5} = 10^{-2}$, resultou em um expoente inteiro negativo

No mesmo exemplo, desenvolvendo as potências indicadas e simplificando, temos,

$$\frac{10^3}{10^5} = \frac{10 \times 10 \times 10}{10 \times 10 \times 10 \times 10 \times 10} = \frac{1}{10^2}$$

Sendo lícito identificar os resultados, conclui-se que:

$$\frac{1}{10^2} = 10^{-2} \leftrightarrow \frac{1}{100} = 10^{-2}$$

Com efeito, sempre podemos transformar a fração decimal em potência de expoente inteiro negativo, e reciprocamente.

7.5. Frações Decimais sob Forma de Potência de 10

No item 6, indicamos as frações decimais com os denominadores de potências de 10, que são idênticas aos seus correspondentes números decimais puros, de modo que podemos identificar cada fração decimal na forma ordinária com o correspondente número decimal, ou seja:

$$\frac{1}{10} = 0{,}1 \ ; \frac{1}{100} = 0{,}01 \ ; \frac{1}{1.000} = 0{,}001; \frac{1}{10.000} = 0{,}0001; \text{etc.}$$

Em face da propriedade da divisão de potências, ora vista, podemos ampliar o entendimento de frações decimais, expressando-as sob a forma de potências de 10, de expoentes inteiros negativos, como abaixo:

$$\frac{1}{10} = 10^{-1} \ ; \frac{1}{100} = 10^{-2} \ ; \frac{1}{1.000} = 10^{-3} \ ; \frac{1}{10.000} = 10^{-4} \ ; \text{etc.}$$

Em que o número de zeros do denominador é igual às unidades do expoente negativo.

Assim como também temos:

$$0{,}1 = 10^{-1}\ ;\ 0{,}01 = 10^{-2}\ ;\ 0{,}001 = 10^{-3}\ ;\ 0{,}0001 = 10^{-4}\ ;\ \text{etc.},$$

os expoentes negativos também indicam as ordens decimais: décimo, centésimo, milésimo, décimo milionésimo; etc.

7.6. Notação Exponencial ou Científica

O conceito de potência tornou-se útil para expressar grandes ou pequenos números, com a notação exponencial, que também é chamada de notação científica.

Por exemplo, o número de partículas em 1g de uma substância é de:

0,000 000 000 000 000 000 000 060 221 367

que é anotada por

$$6{,}022\ 136\ 7 \times 10^{-23}.$$

Por convenção, a parte inteira do fator decimal deve ser de um dígito, e ele é chamado de coeficiente numérico, e o número decimal é multiplicado pela potência de 10.

Outro exemplo: a distância da Terra ao Sol é estimada em:

coeficiente potência de 10

$$1{,}495\ 987\ 7 \times 10^{11}\ \text{m}$$

7.7. Algarismos Significativos: Arredondamento

Algarismos significativos são os dígitos de um número que resultou da medida de uma grandeza com exatidão duvidosa, mas são confiáveis ou fazem sentido

Exemplo 7.4

(i) a medida da circunferência pelo diâmetro oferece o valor empírico 22/7 $\approx$ 3,142; a decimal tem quatro algarismos significativos, contudo, o último, 2, é duvidoso ou incerto.

(ii) a medida de 300 m tem três algarismos significativos; e podemos escrevê-la como $3{,}00 \times 10^2$ m, que tem três algarismos significativos: zeros depois da vírgula, sem dígitos diferentes de zero, são algarismos significativos;

(iii) 0,0254 m tem três algarismos significativos; zeros antes do 1º algarismo significativo não nulo não são algarismos significativos; com a notação científica, $2{,}54 \times 10^{-2}$ m , e tem três algarismos significativos.

(iv) 0,3048 m tem quatro algarismos significativos: zeros que ocupam casas decimais entre dígitos são algarismos significativos; anota-se: $3{,}048 \times 10^{-1}$m.

(v) 5,300ℓ tem quatro algarismos significativos: zeros que seguem um dígito diferente de zero, depois da vírgula, são algarismos significativos.

Quando há um número com muitas casas decimais e queremos limitar as casas decimais ou estabelecer uma maior precisão, usamos as regras:

(i). se o dígito a ser desprezado for 5, 6, 7, 8, 9, aumenta-se uma unidade no dígito antes dele. Exemplo: 9,08; se queremos eliminar o dígito 8, acrescentamos 1 ao dígito anterior a ele, no caso, 9,1;

(ii). se o dígito a ser desprezado for inferior a cinco, abandona-o simplesmente.

Exemplo: 8,64; se queremos desprezar o 4, desprezamo-lo e fica: 8,6.

7.7. Operações com Notação Exponencial

Vejamos as operações com exemplos

[1] Adição e Subtração

Some $8,3 \times 10^{-3}$ com $0,79 \times 10^{-2}$; e subtraia 52×10^{4} de $7,9 \times 10^{5}$

Temos:

$$\begin{array}{r} 8,3 \times 10^{-3} \\ + \underline{7,9 \times 10^{-3}.} \\ 16,2 \times 10^{-3} \end{array} \text{ ou } 1,62 \times 10^{-2} \qquad \begin{array}{r} 7,9 \times 10^{5} \\ - \underline{5,2 \times 10^{5}} \\ 2,7 \times 10^{5} \end{array}$$

[2] Multiplicação e Divisão

Multiplique $3,4 \times 10^{-3}$ por $5,8 \times 10^{-3}$; e divida $9,68 \times 10^{6}$ por $1,21 \times 10^{4}$

Temos:

$$\begin{array}{r} 3,4 \times 10^{-3} \\ \underline{\times\ 5,8 \times 10^{-3}} \\ 19,72 \times 10^{-6} \end{array} \text{ ou } 1,972 \times 10^{-5}$$

$$\frac{9,68 \times 10^{6}}{1,21 \times 10^{4}} = 8 \times 10^{2}$$

8 – RADICIAÇÃO

Radiciação é a operação que tem por fim determinar a raiz de uma potência.

A operação de radiciação é indicada pelo sinal chamado radical $\sqrt{\ }$,onde escreve-se dentro do ângulo dele, um índice que indica o grau da raiz a ser extraída.

Se p é a potência enésima de um número, a raiz n dela é indicada por: $\sqrt[n]{p}$.
O número que fica sob o radical é chamado de radicando, no caso p.

Raiz enésima é o número que, multiplicado por si n vezes, produz a potência da qual ele é a raiz.

2 é a raiz quinta de 32, anota-se, $2 = \sqrt[5]{32}$, porque $2^5 = 32$.

8.1. Raiz Quadrada

Raiz quadrada é o número que, multiplicado por si mesmo, produz o quadrado.

A raiz quadrada é indicada por $\sqrt{\ }$, ficando subentendido o índice 2 no ângulo do símbolo.

$\sqrt{25} = 5$ é a raiz quadrada de 25, porque $5^2 = 25$.

Números que não são quadrados perfeitos não têm raízes finitas e são chamados de números irracionais, a exemplo de $\sqrt{2}, \sqrt{5}, \sqrt{37}$, etc.

8.2. Extração de Raiz Quadrada de um Número

Para a extração da raiz quadrada de um número inteiro:
(i) Escreve-se o número em grupo de dois algarismos, da direita para a esquerda; e, à direita do símbolo da raiz quadrada, põe-se o traço de divisão; (ii) procura-se o maior quadrado perfeito contido no 1º grupo separado, escrevendo-o como divisor; e eleva-o ao quadrado e o subtrai do grupo separado; (iii) junta-se ao resto o grupo seguinte, separando-o em um

algarismo; e toma-se o dobro da raiz anotada e escreve-se abaixo do traço de divisão; (iv) divide-se o grupo formado, pelo dobro da raiz e o quociente, escreve-se à direita dele e à direita do 1º quociente; (v) multiplica-se o quociente formado pelo divisor achado e o produto é subtraído do grupo formado; a raiz é a que figura no divisor.

Exemplo 8.1

Extraia a raiz quadrada de 1.444.

```
√ 14.44   |38
  54.4     3 x 2 = 6
   0      68 x 8 = 544
```

Então, 38 é a raiz quadrada procurada, visto que $38^2 = 1.444$.

Exemplo 8.2

Extraia a raiz quadrada de 10,24.

Para extrair a raiz quadrada do número decimal, procede-se como se ele fosse inteiro e no final, achada a raiz, computa-se a parte decimal:

```
√ 10,24   |32
  12.4     62 x 2 = 124
   0
```

Então, a raiz quadrada é 3,2 ; tal que $(3,2)^2 = 10,24$.

Exemplo 8.3

Extraia a raiz quadrada de 5,00.

```
√ 50.0      |2236
  10 0        42 x 2 = 84
   160.0      443 x 3 = 1329
     271.0    446 x 6 = 2676
       34
```

A raiz quadrada de 5, com aproximação de milésimos, é 2,236, de modo que $(2{,}236)^2 = 4{,}999\,696 \approx 5$.

2) Extração da raiz quadrada de uma fração cujos termos são quadrados perfeitos: extraem-se as raízes do numerador e do denominador:

Exemplo 8.4

Extraia a raiz quadrada: de $\dfrac{9}{25}$

Temos:

$$\sqrt{\frac{9}{25}} = \frac{\sqrt{9}}{\sqrt{25}} = \frac{3}{5}$$

3) Extração da raiz quadrada de uma fração cujo denominador é um quadrado perfeito e o numerador não é: extrai-se a raiz quadrada do denominador e raiz quadrada aproximada do numerador.

Exemplo 8.5

Extraia a raiz quadrada de $\dfrac{5}{9}$

Temos:

$$\sqrt{\frac{5}{9}} = \frac{\sqrt{5}}{\sqrt{9}} = \frac{2,23}{3}$$

8.3. Operações com Raízes Quadradas

(i) Adição e Subtração com radicandos iguais

$$3\sqrt{5} + 2\sqrt{5} = (3+2)\sqrt{5} = 5\sqrt{5}$$
$$8\sqrt{7} - \sqrt{7} = (8-1)\sqrt{7} = 7\sqrt{7}$$

(ii) Multiplicação de radicais quadrados: multiplicam-se os radicandos:

$\sqrt{5} \cdot \sqrt{3} = \sqrt{15}$, e reciprocamente.

$\sqrt{3} \cdot \sqrt{15} = \sqrt{3^2 \cdot 5} = 3\sqrt{5}$, e reciprocamente.

(iii) Divisão de radicais quadrados:

$$\frac{\sqrt{27}}{\sqrt{3}} = \sqrt{\frac{27}{3}} = \sqrt{9} = 3$$

(iv) Potência de radicais quadrados:

$$\left(2\sqrt{12}\right)^2 = 4 \cdot 12 = 48$$
$$\left(\sqrt{2} + \sqrt{8}\right)^2 = \left(\sqrt{2} + \sqrt{8}\right)\left(\sqrt{2} + \sqrt{8}\right) = 2 + 2\sqrt{2} \cdot \sqrt{8} + 8 = 18$$

Neste desenvolvimento, aplicou-se o produto notável: $(a + b)^2 = a^2 + 2ab + b^2$

(v) Racionalização de expressões com radicais: elimina-se a expressão irracional do denominador, multiplicando-a pelo seu conjugado.

No exemplo a seguir, $\sqrt{5} + \sqrt{3}$, tem $\sqrt{5} - \sqrt{3}$ por conjugado

$$\frac{\sqrt{5} + \sqrt{3}}{\sqrt{5} - \sqrt{3}} = \frac{\left(\sqrt{5} + \sqrt{3}\right)\left(\sqrt{5} + \sqrt{3}\right)}{\left(\sqrt{5} - \sqrt{3}\right)\left(\sqrt{5} + \sqrt{3}\right)} = \frac{5 + 2\sqrt{5}\sqrt{3} + 3}{5 - 3} = 4 + \sqrt{15}$$

8.4. Raiz Cúbica

Raiz cúbica é o número que, multiplicado por si mesmo duas vezes, produz o cubo.

8.5. Extração de Raiz Cúbica de um Número

Para a extração da raiz cúbica de um número inteiro:

(i) divide-se o número em classe de três algarismos, da direita para a esquerda; e, à direita do número, põe-se o traço de divisão; (ii) procura-se o maior cubo perfeito contido na 1ª classe, que é subtraído dela; escrevendo-o como raiz, no divisor; baixa-se a classe seguinte ao lado do resto, separando-a em dois algarismos, à direita; (iii) eleva-se a raiz ao quadrado e multiplica-se o resultado por 3; (iv) divide-se o novo dividendo pelo divisor e o quociente é colocado à direita da 1ª raiz; (v) eleva-se ao cubo à nova raiz, e compara-se com o radicando; (v) se houver resto, repetem-se as operações feitas.

Exemplo 8.6

Extraia a raiz cúbica de 12.167.

$$\begin{array}{l|l} \sqrt[3]{12.167} & \underline{23\qquad .} \\ \underline{41.67} & \underline{2^2 \text{ x } 3 = 12} \\ 12.167 & 23^3 = 12.167 \\ 0 & \end{array}$$

Exemplo 8.7

Extraia a raiz cúbica de 33,75.

$$\begin{array}{l|l} \sqrt[3]{33,750} & \underline{32\qquad .} \\ \underline{27} & \underline{3^2 \text{ x } 3 = 27} \\ 67.50 & \underline{32^3 = 32.768} \\ \underline{32768} & \\ 982 & \end{array}$$

Donde a raiz aproximada com décimos, 3,2.

Exemplo 8.8

Extraia a raiz cúbica da fração ordinária.

$$\sqrt[3]{\frac{8}{27}} = \frac{\sqrt[3]{8}}{\sqrt[3]{27}} = \frac{2}{3}$$

8.6. Operações com Raízes Cúbicas

(i) Adição e Subtração com radicandos iguais:

$$3\sqrt[3]{5}+2\sqrt[3]{5}=(3+5)\sqrt[3]{5}=5\sqrt[5]{5}$$
$$8\sqrt[3]{7}-\sqrt[3]{7}=(8-1)\sqrt[3]{7}=7\sqrt[3]{7}$$

(ii) Multiplicação de raízes cúbicas: multiplicam-se os radicandos:

$\sqrt[3]{5}\cdot\sqrt[3]{3}=\sqrt[3]{15}$, e reciprocamente.

$\sqrt[3]{9}\cdot\sqrt[3]{15}=\sqrt[3]{3\cdot 5}=3\sqrt[3]{5}$, e reciprocamente.

(iii) Divisão de radicais quadrados:

$$\frac{\sqrt[3]{81}}{\sqrt[3]{3}}=\sqrt[3]{\frac{81}{3}}=\sqrt[3]{27}=3$$

(iv) Potência de radicais:

$$\left(2\sqrt[3]{12}\right)^3=8\cdot 12=96$$
$$\left(\sqrt[3]{2}+\sqrt[3]{4}\right)^3=\left(\sqrt[3]{2}+\sqrt[3]{4}\right)\left(\sqrt[3]{2}+\sqrt[3]{4}\right)\left(\sqrt[3]{2}+\sqrt[3]{4}\right)$$
$$=2+3\left(\sqrt[3]{2}\right)^2\sqrt[3]{4}+3\sqrt[3]{2}\left(\sqrt[3]{4}\right)^2+4$$
$$=2+6\sqrt[3]{2}+6\sqrt[3]{4}+4$$
$$=6\left(1+\sqrt[3]{2}+\sqrt[3]{4}\right)$$

Neste caso, aplicou-se o produto notável: $(a + b)^3 = a^3 + 3a^2 b + 3ab^2 + b^3$.

(v) Racionalização de expressões com radicais: elimina-se a expressão irracional do denominador usando um artifício próprio ao caso.

$$\frac{\sqrt[3]{2-2}}{\sqrt[3]{2}}=\frac{\left(\sqrt[3]{2}-2\right)\sqrt[3]{4}}{\sqrt[3]{2}\sqrt[3]{4}}=\frac{2-2\sqrt[3]{4}}{2}=1-\sqrt[3]{4}$$

9 – SISTEMA INTERNACIONAL DE UNIDADES

A 11ª Conferência Geral de Pesos e Medidas (CGPM), de 1960, aprimorou os Sistemas de Medidas até então existentes, e instituiu o Sistema Internacional de Unidades, abrevia-se SI, que passou a ser adotado por quase todos os países do mundo.
O SI define e estabelece sete unidades de base, que são:

Metro, m, unidade de comprimento
Quilograma, kg, unidade de massa
Segundo, s, unidade de tempo
Ampère, A, unidade de corrente elétrica
Kelvin, K, unidade de temperatura termodinâmica
Mole, mol, unidade de quantidade de matéria
Candela, cd, unidade de intensidade luminosa

1 segundo, 1s, é definido como a duração de 9.192.631.770 períodos da radiação correspondente à transição entre níveis hiperfinos do estado fundamental do átomo de Césio 133 (13ª CGPM – 1967 – Resolução 1).

Assim como as unidades derivadas, decorrentes das unidades de base.

9.1. Sistema Métrico Decimal

O Sistema Métrico Decimal é subsistema do SI, que tem por base 10.

Para a formação dos múltiplos e submúltiplos das unidades de medidas, foram adotados prefixos gregos, a seguir enunciados:

Múltiplos:
Deca, da, que significa dez vezes: $10 = 10^1$
Hecto, h , " cem vezes: $100 = 10^2$
Kilo, k , " mil vezes: $1000 = 10^3$
Mega, M , " 1 milhão de vezes: $1.000.000 = 10^6$
Giga, G , " 1 bilhão de vezes: $1.000.000.000 = 10^9$
Foram criados os novos múltiplos: Tera, T, $1\ T = 10^{12}$; Peta, P, $1\ P = 10^{15}$, Exa, E, $1\ E = 10^{18}$; Zeta, $1\ Z = 10^{21}$; e Iota, Y , $1\ Y = 10^{24}$

Submúltiplos:
Deci, d, que significa a décima parte: 0,1 = 10^{-1}
Centi, c , " a centésima parte: 0,01 = 10^{-2}
Mili, m , " a milésima parte: 0,001 = 10^{-3}
Micro, μ , " a milionésima parte: 0,000 001 = 10^{-6}

Foram criados os novos submúltiplos: Nano, n, a bilionésima parte, 1 n = 0,000 000 001 = 10^{-9}; pico, p, a trilionésima parte, 1 p = 10^{-12}; femto, f , quadrilionésima parte, 1 f = 10^{-15}; atto, a , a quintilhonésima parte,1 a = 10^{-18} .

Metro, originariamente (século XVIII), foi definido como a décima milionésima (10^{-7}) parte da distância do Equador ao Polo. Para ele foi elaborado um padrão dessa distância, numa barra de platina e irídio, que se acha depositada no Bureau Internacional des Poids et Mensures, em Sèvres, perto de Paris.

No curso do tempo, à medida que a tecnologia avançou, o metro teve várias definições subsequentes. A definição de metro em vigor foi estabelecida em 1983, pela 17ª CGPM (resolução A), com o seguinte teor:

Metro é o comprimento do trajeto percorrido pela luz, no vazio, durante o lapso de tempo de 1/299.792.458 do segundo. É uma definição precisa, mas não tem padrão representativo.

O metro (medida, do grego), símbolo m, tem os seus múltiplos e submúltiplos expressos em potências de 10:

Múltiplos:
Decâmetro, 10 m = 10^1 m , símbolo: dam
Hectômetro, 100 m = 10^2 m , símbolo: hm
Kilômetro, 1.000 m = 10^3 m , símbolo: km

Submúltiplos:
Decímetro, a décima parte do metro: 0,1 m = 10^{-1}m , símbolo, dm
Centímetro, a centésima parte do metro: 0,01 m = 10^{-2} m , símbolo, cm
Milímetro, a milésima parte do metro: 0,001m = 10^{-3} m , símbolo, mm
Micrômetro, a milionésima parte do metro: 0,000 001 m = 10^{-6}, símbolo, μm.

9.2. Escrita e Leitura de Medidas Métricas lineares

A escrita e leitura das medidas métricas são feitas da mesma forma como são feitas as dos números decimais, já que estes representam aritmeticamente aquelas, com a ressalva de que as medidas métricas são dimensionais.

Escreva: 2 metros e cinco centímetros: 2,05 m;
200 quilômetros e oito decâmetros: 200,08 km

Leia: 23,18 m: vinte e três metros e dezoito centímetros
0,003 cm, 3 milésimos de centímetros

9.3. Conversão de Medidas Métricas Lineares

Para fazer a conversão de um múltiplo do metro para um submúltiplo, estabelece-se a relação entre ambos e multiplica-se o múltiplo pela potência de 10 obtida da relação; reciprocamente: para se converter o submúltiplo do metro a um múltiplo, divide-se o múltiplo pela potência de 10 obtida.

Exemplo: Converta 2,835 km a dam.

Relação: 1 km = 100 dam , e o fator multiplicador é 100 dam/km;

$$2{,}835\ \text{km} \times 100\ \text{dam/km} = 283{,}5\ \text{dam}$$

Exemplo: Converta 2.643 m em quilômetros.

Relação: 1.000 m = 1 km, e o divisor é 1.000 m/km

$$\frac{2.643\ \text{m}}{1.000\ \text{m/km}} = 2{,}643\ \text{km}$$

Submúltiplos e múltiplos estão distribuídos na escala abaixo:

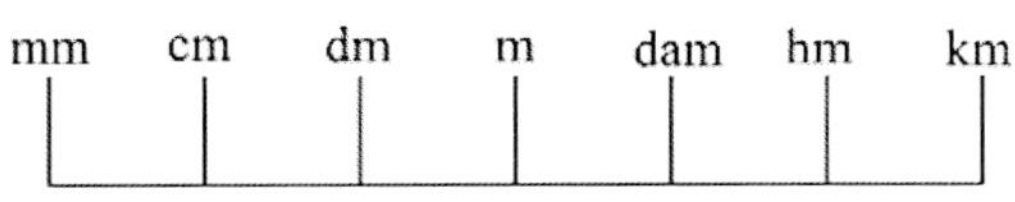

No sentido decrescente da escala, quando se passa de uma unidade superior para a inferior, multiplica-se por 10 – o que equivale a deslocar a vírgula de uma casa da esquerda para a direita. No sentido crescente da escala, quando se passa de uma unidade inferior para a superior, divide-se por 10 – o que equivale a deslocar a vírgula de uma casa da direita para a esquerda.

9.4. Operações com Medidas Métricas Lineares

As operações com medidas métricas são as mesmas praticadas com números decimais, mas, neste caso, o número decimal está referido à unidade de medida, ou seja, ele é dimensional.

9.5. Medidas de Quadráticas

Nas medidas de áreas, a unidade métrica é o metro quadrado, símbolo, m^2. O expoente 2 deve ser escrito em todos os múltiplos e submúltiplos:

$$km^2,\ hm^2,\ dam^2,\ m^2,\ dm^2,\ cm^2,\ mm^2,$$

e as relações entre dois deles, consecutivos, é 100.

Escreva: 5 metros quadrados e 2 centímetros quadrados: $5{,}00\ 02\ m^2$;
6 quilômetros quadrados e vinte e cinco decâmetros quadrados: $6{,}002\ 5\ km^2$

Leia $26{,}18\ m^2$: vinte e seis metros quadrados e dezoito decímetros quadrados;

$0{,}05\ dm^2$: cinco centésimos de decímetro quadrado.

9.6. Conversão de Medidas Quadráticas

Para fazer a conversão de um múltiplo do metro quadrado para um submúltiplo, estabelece-se a relação entre ambos e multiplica-se o múltiplo pela potência de 100 obtida da relação; reciprocamente: para se converter o submúltiplo do metro quadrado para um submúltiplo, divide-se o múltiplo pela potência de 100 obtida.

Exemplo 9.1
Converta $2{,}83\ km^2$ a dam^2.

Relação: 1 km^2 = (100 dam)^2 = 10.000 dam^2, e o fator multiplicador é 10.000 dam^2/km^2

$$2{,}83\ km^2 \times 10.000\ dam^2/km^2 = 28.300\ dam^2$$

Exemplo 9.2
Converta 2.643 m^2 em km^2.

Relação: 1 km^2 = (1.000 m)^2 = 1.000.000 m^2, e o divisor é 1.000.000 m^2/km^2:

$$\frac{2.643\ m^2}{1.000.000\ m^2/km^2} = 0{,}002\ 643\ km^2$$

Submúltiplos e múltiplos estão distribuídos na escala abaixo:

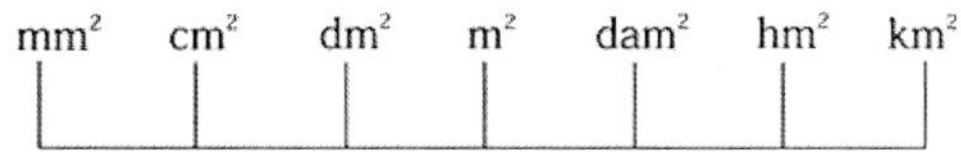

No sentido decrescente da escala, quando se passa de uma unidade superior para a inferior, multiplica-se por 100 – o que equivale a deslocar a vírgula duas casas da esquerda para a direita. No sentido crescente da escala, quando se passa de uma unidade inferior para a superior, divide-se por 100 – o que equivale a deslocar a vírgula de duas casas da direita para a esquerda.

Exemplo 9.3
Ache a área do quadrado de 15 cm de lado e dê a resposta em m^2

Sendo A a área, temos:

A = (15 cm)^2 = 225 cm^2 ; 1 m^2 = (100 cm)^2 = 10.000 cm^2 , então, o divisor é 10.000 cm^2/m^2:

$$\frac{225\ cm^2}{10.000\ cm^2/m^2} = 0{,}022\ 5\ m^2$$

Exemplo 9.4

Seja um terreno retangular com 0,2 km de comprimento e 0,07 km largura. Qual é a área dele em metros quadrados?
Sendo A a área, temos:

$$A = 0{,}2 \text{ km x } 0{,}07 \text{ km} = 0{,}014\ 0 \text{ km}^2$$

Relação: 1 km^2 = $(1.000 \text{ m})^2$ = 1.000.000 m^2; então o fator multiplicador é 1.000.000 m^2/km^2, donde:

$$A = 0{,}014\ 0 \text{ km}^2 \text{ x } 1.000\ 000 \text{ m}^2/\text{km}^2$$

$$A = 14.000 \text{ m}^2$$

9.7. Medidas Cúbicas

Nas medidas de volume, a unidade métrica é o metro cúbico, símbolo, m^3. E o expoente 3 deve ser escrito em todos os múltiplos e submúltiplos:

km^3 , hm^3, dam^3, m^3, dm^3 , cm^3 , mm^3

A relação entre dois deles, consecutivos, é 1000.

Escreva: 9 metros cúbicos e 16 centímetros cúbicos: 9,000 016 m^3 ;

3 quilômetros cúbicos e vinte e dois decâmetros cúbicos: 3,000 022 km^3

Leia: 6,180 m^3: seis metros cúbicos e cento e oitenta decímetros cúbicos;

0,05 dm^3: completa-se a classe decimal, ficando 0,050 dm^3, e lê-se: cinquenta milésimos de decímetro cúbico.

9.8. Conversão de Medidas Cúbicas

Para fazer a conversão de um múltiplo do metro cúbico para um submúltiplo, estabelece-se a relação entre ambos e multiplica-se o múltiplo pela potência de 1.000 obtida da relação; reciprocamente: para se converter o submúltiplo do metro cúbico para um múltiplo, divide-se o múltiplo pela potência de 1.000 obtida.

Exemplo 9.5
Converta 2,83 km^3 para dam^3.

Relação: 1 km^3 = $(100\ dam)^3$ = 1.000.000 dam^3, e o fator multiplicador é 1.000.000 dam^3/km^3

$$2{,}830\ km^3 \times 1.000.000\ dam^3/km^3 = 2.830.000\ dam^3$$

Exemplo 9.6
Converta 2.643 m^3 em km^3.

Aqui convém usarmos a notação de potência.
Relação: 1 $km^3 = (10^3\ m)^3 = 10^9\ m^3$, e o divisor é $10^9\ m^3/km^3$

$$\frac{2.643\ m^3}{10^9\ m^3/km^3} = 2{,}643 \times 10^{-6}\ km^3 \text{ ou } 0{,}002\ 643\ km^3$$

Submúltiplos e múltiplos estão distribuídos na escala abaixo:

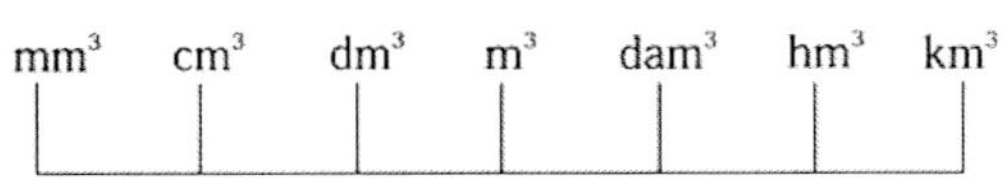

No sentido decrescente da escala, quando se passa de uma unidade superior para a inferior, multiplica-se por 1.000 – o que equivale a deslocar a vírgula três casas da esquerda para a direita. No sentido crescente da escala, quando se passa de uma unidade inferior para a superior, divide-se por 1.000 – o que equivale a deslocar a vírgula três casas da direita para a esquerda.

Exemplo 9.7
Calcule o volume do cubo de 15cm de aresta, dê o resultado em m^3.

Sendo V o volume, temos:

$V = (15\ cm)^3 = 337\ 5\ cm^3$; $1\ m^3 = (10^2\ cm)^3 = 10^6\ cm^3$; então, o divisor é

$10^6\ cm^3/m^3$:

$$\frac{337\ 5\ cm^3}{10^6\ cm^3/m^3} = 337\ 5 \times 10^{-6}\ m^3 \text{ ou } 0{,}003\ 375\ m^3$$

Exemplo 9.8
Um caixa tem 1,5 m de comprimento, 60 cm largura e 70 cm de altura. Qual é o volume dela em metros cúbicos?

Temos: 60 cm = 0,6 m e 70 cm = 0,7 m; então:

$$V = 1{,}5\ m \times 0{,}6\ m \times 0{,}7\ m = 0{,}630\ m^3$$

9.9. Medidas de Capacidade

Litro, símbolo, ℓ é a unidade de medida de capacidade e corresponde a 1 dm^3. O litro não é uma unidade oficial do SI, mas de uso consagrado no sistema métrico decimal, do cotidiano.

Múltiplos do litro:
Decalitro, 10 litros, símbolo: daℓ
Hectolitro, 100 litros, símbolo: hℓ
Kilolitro , 1.000 litros, símbolo: kℓ

Submúltiplos:
Decilitro, a décima parte do litro, 0,1 ℓ , símbolo, dℓ
Centilitro, a centésima parte do litro, 0,01 ℓ, símbolo, cℓ
Mililitro, a milésima parte do litro, 0,001 ℓ, símbolo, mℓ

Escreva: Trinta e oito litros e sessenta e quatro centilitros: 38,64 ℓ;

Seis litros e cinco mililitros: 6,005 ℓ

Leia: 32,17 ℓ: trinta e dois litros e dezessete centilitros;

0,008 ℓ, 8 milésimos do litro

9.10. Conversão de Medidas de Capacidade

Como a relação entre as unidades de capacidade varia de 10 em 10, para fazer a conversão de um múltiplo do litro para um submúltiplo, estabelece-se a relação entre ambos e multiplica-se o múltiplo pela potência de 10 obtida da relação; e reciprocamente: para se converter o submúltiplo do litro a um múltiplo, divide-se o múltiplo pela potência de 10 obtida.

Exemplo 9.9
Converta 2,835 kℓ em daℓ.

Relação: 1 kℓ = 100 daℓ, e o fator multiplicador é 100 daℓ/kℓ

$$2{,}835\ k\ell \times 100\ da\ell/k\ell = 283{,}5\ da\ell$$

Exemplo 9.10
Converta 2.643 cℓ em litros.

Relação: 100 cℓ =1 ℓ, e o divisor é 100 cℓ/ℓ

$$\frac{2.643\ c\ell}{100\ c\ell/\ell} = 26{,}43\ \ell$$

Submúltiplos e múltiplos estão distribuídos na escala abaixo:

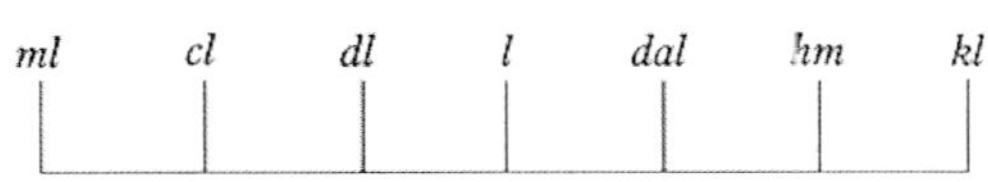

No sentido decrescente da escala, quando se passa de uma unidade superior para a inferior, multiplica-se por 10 – o que equivale a deslocar a vírgula de uma casa da esquerda para a direita. No sentido crescente da escala, quando se passa de uma unidade inferior para a superior, divide-se por 10 – o que equivale a deslocar a vírgula uma casa da direita para a esquerda.

Exemplo 9.11
25 centímetros cúbicos são quantos mililitros?

Relações: 1 dm^3 = 1.000 cm^3 = 1ℓ = 1.000 mℓ; então, 1 cm^3 = 1 mℓ; e o fator de conversão é 1 mℓ/cm^3, então temos:

25 cm^3 x 1 mℓ/cm^3 = 25 mℓ

Exemplo 9.12
526 decilitros são quantos centímetros cúbicos?

Relação: 1dℓ = 100 mℓ = 100 cm^3; o fator de conversão é 100 cm^3/ mℓ, então temos:

526 dℓ x 100 cm^3/dℓ = 52 600 cm^3

9.11. Medidas de Massa

O quilograma, símbolo, kg é a unidade de massa do SI, definida pela 3ª CGPM, 1901, como a unidade de massa igual à massa do protótipo internacional do quilograma.

Este protótipo é um cilindro de platina iridiada (90% de platina e 10% de irídio), com diâmetro e altura iguais a 39 mm, que se encontra depositado no Bureau Internacional des Poids et Mensures, em Sèvres, perto de Paris.
Os países interessados têm cópia dele.

Não obstante, na prática, o quilograma é definido como a massa de 1 dm^3 de água destilada à temperatura de 4 °C. Relação esta que permite relacioná-lo com o litro da referida água: 1 kg = 1 ℓ (água).

Não obstante, o Sistema Métrico Decimal usa o grama, símbolo g, como unidade de massa.

Múltiplos do grama:
Decagrama, 10 g = 10^1 g , símbolo: dag
Hectograma, 100 g = 10^2 g , símbolo: hg
Kilograma, 1.000 g = 10^3 g , símbolo: kg

Submúltiplos do grama:
Decigrama, a décima parte do grama, 0,1 g = 10^{-1} g , símbolo, dg
Centigrama, a centésima parte do grama, 0,01 g = 10^{-2} g, símbolo, cg
Miligrama, a milésima parte do grama, 0,001 g = 10^{-3} g, símbolo, mg

Acrescente-se a tonelada, t ou ton, = 1.000 kg.

9.12. Escrita e Leitura de Medidas de Massas

A escrituração e a leitura das medidas massas são feitas com números decimais que os representam.

Escreva: 12 quilogramas e sessenta e oito decagramas: 12,68 kg;
20 quilogramas e oito gramas: 20,008 kg

Leia: 33,7 kg: 33 quilogramas, e sete hectogramas;
0,13 kg: 13 centésimos do quilograma.

9.13. Conversão de Medidas de Massas

Para fazer a conversão de um múltiplo do grama para um submúltiplo, estabelece-se a relação entre ambos e multiplica-se o submúltiplo pela potência de 10 obtida da relação; e reciprocamente: para se converter o submúltiplo do grama a um múltiplo, divide-se o múltiplo pela potência de 10 obtida.

Exemplo 9.13
Converter 5,365 kg em dag.

Relação: 1 kg = 100 dag, e o fator multiplicador é 100 dag/kg;

$$5{,}365 \text{ kg} \times 100 \text{ dag/kg} = 536{,}5 \text{ dag.}$$

Exemplo 9.14
Converta 6.843 g em kg.

Relação: 1 kg = 1.000 g, e o divisor é 1.000 g/kg

$$\frac{6.843 \text{ g}}{1.000 \text{ g/kg}} = 6{,}843 \text{ kg}$$

Submúltiplos e múltiplos estão distribuídos na escala abaixo:

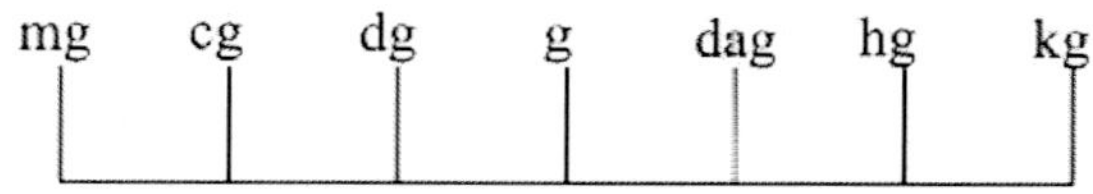

No sentido decrescente da escala, quando se passa de uma unidade superior para a inferior, multiplica-se por 10 – o que equivale a deslocar a vírgula uma casa da esquerda para a direita. No sentido crescente da escala, quando se passa de uma unidade inferior para a superior, divide-se por 10 – o que equivale a deslocar a vírgula de uma casa da direita para a esquerda.

Exemplo 9.15
Converter 2,835 kg em dℓ.

Relação:
1 kg = 1 ℓ = 100 dℓ , e o fator multiplicador é 100 dℓ/kg

2,835 kg x 100 dℓ/kg = 283,5 dℓ

Liga: o ouro é um metal maleável, assim, para lhe dar consistência em uma peça, costuma-se misturá-lo com certa quantidade de cobre. Ao ouro puro é atribuído 24 quilates; o ouro de 18 quilates tem 18 partes de ouro puro e 6 partes de cobre. Essa relação é expressa por 18/24 = 75%, e diz-se ouro de 750. Já no caso de pedras preciosas, como o diamante, o quilate é a massa de 200 mg dele.

10 – NÚMEROS COMPLEXOS DA ARITMÉTICA

Os números complexos de que vamos tratar são originários de antigos sistemas de medidas, que ainda subsistem por necessidade.

Os números complexos expressam diferentes espécies de unidades de uso corrente que não pertence ao sistema métrico decimal, mas ainda é usado em países como os Estados Unidos e Inglaterra. Vejamos as principais unidades de medidas do sistema complexo.

10.1. Números Complexos

(i) Medidas de comprimento:

Do Inglês:

Polegada (inch, do inglês), pol/in: 1 pol = $2,54 \times 10^{-2}$ m

pé (foot, do inglês), abrevia-se, pé/ft; 1 pé : = $3,048 \times 10^{-1}$ m

jarda, abrevia-se yd; 1 yd = $9,144 \times 10^{-1}$ m

milha terrestre, abrevia-se, mi ; 1 mi = $1,609\ 34 \times 10^{3}$ m

milha marítima, abrevia-se, mi/m; 1 mi/m = $1,852 \times 10^{3}$ m

Acrescentem-se: vara, 1 vara = 5 palmos; 1 palmo = 8 polegadas.

(ii) Medidas do tempo:

Unidade de tempo: segundo, s.

minuto, min; 1 min = 60 s;

hora, h ; 1 h = 60 min = 3.600 s

dia, d ; 1 d = 24 h = 1.440 min = 86.400 s

semana: 7 dias

mês comercial: 30 dias

ano 12 meses = 363,242 2 d = 3,155 69 x 10^7 s

século: 100 anos
E assim por diante.

(iii) Medidas de circunferência:

1 circunferência = 360 graus, símbolo, 360°

1 grau = 60 minutos , símbolo, 60'

1 minuto = 60 segundos, símbolo, 60''

(iv) Medidas de Massa:

Libra (Inglês), símbolo Ib, 1 Ib = 0,453 6 kg

Arroba (no Brasil) ≈ 15 kg

(v) Medidas de Superfície
Are é definido como um quadrado de 10 metros de lado, logo, 100 m^2;
Hectare tem 100 ares, logo, é a área com 10.000 m^2 ou 1 km^2. Ambas são medidas agrárias.

(v) Unidades Numéricas:
Dúzia, 12 unidades; Cento,100 unidades, Resma de papel, 500 unidades.

10.2. Operações com Números Complexos

Com números complexos, pode-se efetuar as operações fundamentais: adição, subtração, multiplicação e divisão. Estas operações serão vistas através de exemplos.

Exemplo 10.1
Some 5 anos 8 meses 13 dias com 3 anos 9 meses 26 dias.

Escrevem-se as parcelas uma abaixo da outra mantendo a ordem das unidades de mesma espécie em coluna, e soma-se da direita para a esquerda, repassando para a unidade da coluna seguinte o que exceder da soma efetuada.

$$\begin{array}{rrrr} & 5\text{ a} & 8\text{ m} & 13\text{ d} \\ + & 3\text{ a} & 9\text{ m} & 26\text{ d} \\ \hline & 9\text{ a} & 6\text{ m} & 9\text{ d} \end{array}$$

Exemplo 10.2
De 5 anos 8 meses 13 dias, subtraia 3 anos 7 meses 26 dias.

Escreve-se o subtraendo abaixo do minuendo mantendo a ordem das unidades de mesma espécie, em colunas, e subtrai-se da direita para a esquerda; quando a coluna do minuendo for menor do que a do subtraendo, retira-se da coluna seguinte 1 unidade e prossegue-se com a subtração até concluí-la:

$$\begin{array}{rrrr} & 5\text{ a} & 8\text{ m} & 13\text{ d} \\ - & 3\text{ a} & 7\text{ m} & 26\text{ d} \\ \hline & 2\text{ a} & 0\text{ m} & 17\text{ d} \end{array}$$

Exemplo 10.3
Multiplique 8º 14' 28" por 5.

Multiplica-se o multiplicador por cada unidade do multiplicando, e havendo unidades excedentes no produto, somam-se à coluna seguinte, e prossegue-se assim até o final da multiplicação:

$$\begin{array}{rrr} 8^\circ & 14' & 28'' \\ & \times & 5 \\ \hline 41^\circ & 12' & 20'' \end{array}$$

Exemplo 10.4
Divida 49 anos 3 meses 6 dias por 12.

Efetua-se a divisão da esquerda para a direita, e se houver resto, converte-o à unidade seguinte e faz-se nova divisão; se houver resto, converte-o para a unidade seguinte, até finalizar a divisão:

```
49 a  3 m  6 d  | 12
 1 a              4 a 1 m  8d
    12 m
    15 m
     3 m
          90 d
          96 d
           0
```

11– RAZÕES

Razão é o quociente da comparação entre duas quantidades da mesma espécie.

Obviamente estamos tratando aqui de razão matemática (ratio, do latim, divisão) que expressa um quociente, uma divisão.

Fora do contexto da matemática, o termo razão tem outros significados; em Filosofia, a razão (logos, do grego) é o princípio inteligente supremo pelo qual conhecemos; a razão aparece na linguagem comum sob vários significados: a razão de viver, razão de amar, ter razão, dar razão, estar com a razão, perder a razão, etc.

Exemplificando:
Comparando a altura da Estátua do Cristo Redentor, que tem 38m, com a altura da Estátua da Liberdade, que tem 93m, nessa ordem, resulta:

$$\frac{38\text{ m}}{93\text{ m}} = \frac{38}{93} = 0{,}408\ 602\ 15$$

Em que 0,408 602 15 é o valor da razão, que é um número adimensional.

Outro exemplo:
Se C é o comprimento da circunferência de raio r, sabe-se da geometria que a razão entre C e o diâmetro dela, 2r , resulta π, número irracional, ou seja:

$$\frac{C}{2r} = \pi$$

Outro exemplo:
Quando se compara uma quantidade, digamos 5, com 100, a razão entre eles expressa uma porcentagem, ou seja:

$$\frac{5}{100} = 0{,}05$$

Quando se prescinde o denominador 100, anota-se 5%.
Assim sendo, podemos generalizar o conceito de razão: se temos dois números, a e b, com $b \neq 0$, então a razão de a para b é:

$$\frac{a}{b} \qquad (11.1)$$

Lê-se: a está para b, ou, a sobre b; e diz-se que a é o antecedente e b o consequente, nessa ordem.

A definição de razão proíbe que se comparem quantidades de espécies distintas, como uma quantidade de maçãs com uma quantidade de bananas; contudo, se a comparação assim se fizer, não temos uma razão, mas podemos ter uma relação.

12 – PROPORÇÕES

Proporção é a igualdade de duas razões.

Consideremos duas razões de mesmo valor,

$$\frac{a}{b} = k \quad e \quad \frac{c}{d} = k \qquad (12.0)$$

Por definição de proporção:

$$\frac{a}{b} = \frac{c}{d} \qquad (12.1a)$$

Lê-se: a está para b assim como c está para d; além dos nomes já dados aos termos da razão, na proporção, os termos a e d, são chamados extremos, e os termos b e c denominados de meios.

Seja um exemplo numérico:

$$\frac{24}{16} = \frac{12}{8} \qquad (12.1b)$$

Como se pode constatar: 24/16 = 1,5 e 12/8 = 1,5, mais uma vez se cumpre a definição de proporção como a igualdade de duas razões. De outro modo, dizemos que as frações são equivalentes ou proporcionais.

Como se sabe, usa-se o sinal "x" para indicar a multiplicação de dois números, como 5 x 8. Contudo, quando o cálculo envolve quantidades literais, usa-se o ponto, " • ", a meia altura, para indicar também a multiplicação, assim, para multiplicar a por b, anota-se a · b; ou apenas junta-se as quantidades literais, como ab.

12.1. Propriedades das Proporções

1ª) Em toda proporção, o produto dos extremos é igual ao produto dos meios

Usando o exemplo numérico (12.1b), temos:

$$24 \times 8 = 16 \times 12$$

$$192 = 192$$

Demonstração desta propriedade usando (12.1a): multiplicando ambos os membros de (12.1a) por b · d, temos:

$$b \cdot d \left(\frac{a}{b}\right) = b \cdot d \left(\frac{c}{d}\right)$$

E, simplificando, obtemos:

$$a \cdot d = b \cdot c \qquad (12.1c)$$

No caso especial dos meios serem iguais, usando (12.1a), temos:

$$\frac{a}{b} = \frac{b}{d} \quad \text{e} \quad a \cdot d = b^2$$

2ª) A proporção não muda de valor quando trocamos os extremos pelos meios.

De (12.1b), temos:

$$\frac{12}{8} = \frac{24}{16} \quad \text{e} \quad \frac{c}{d} = \frac{a}{b} \qquad (12.1d)$$

Na verdade, apenas trocamos as razões de membros.

3ª) A proporção não muda de valor quando invertemos os extremos e os meios.

De (12.1b) e (12.1a), temos:

$$\frac{8}{12} = \frac{16}{24} \quad \text{e} \quad \frac{d}{b} = \frac{c}{a} \qquad (12.1e)$$

4ª) A proporção não se altera quando somamos ou subtraímos os antecedentes e os consequentes.

Exemplificando com (12.1b) e (12.1a), temos:

$$\frac{24 \pm 12}{16 \pm 8} = \frac{24}{16} = \frac{12}{8} \quad \text{e} \quad \frac{a \pm c}{b \pm d} = \frac{a}{b} = \frac{c}{d} \qquad (12.1f)$$

Para a demonstração desta propriedade para a soma dos antecedentes e dos consequentes, tomemos (12.0):

$$\frac{a}{b} = k \ ; \ \frac{c}{d} = k$$

Donde,

$$a = k \cdot b \quad \text{e} \quad c = k \cdot d$$

Somando membro a membro as igualdades acima e evidenciando k, resulta:

$$a + c = k\,(b + d)$$

Donde,

$$\frac{a + c}{b + d} = k$$

E, portanto,

$$\frac{a + c}{b + d} = \frac{a}{b} = \frac{c}{d} \qquad (12.1g)$$

Esta propriedade permite ser generalizada. Assim, seja a igualdade de várias razões:

$$\frac{a}{b} = \frac{c}{d} = \frac{e}{f} = \ldots$$

Somando ordenadamente os antecedentes e os consequentes, temos:

$$\frac{a + c + e + \ldots}{b + d + f + \ldots} = \frac{a}{b} = \frac{c}{d} = \frac{e}{f} \quad \ldots \qquad (12.1h)$$

5ª) Na proporção, cada razão: a soma (ou diferença) do antecedente como consequente está para o consequente (ou antecedente).

Somando ± 1 a ambos os membros de (2.1b), temos:

$$\frac{24}{16} \pm 1 = \frac{12}{8} \pm 1 \rightarrow \frac{24 \pm 16}{16} = \frac{12 \pm 8}{8}$$

Com (2.1a):

$$\frac{a}{b} \pm 1 = \frac{c}{d} \pm 1 \rightarrow \frac{a \pm b}{b} = \frac{c \pm d}{d}$$

Aplicando ± 1 à segunda parte do enunciado, temos:

$$\frac{24 \pm 16}{24} = \frac{12 \pm 8}{12} \quad \text{e} \quad \frac{a \pm b}{a} = \frac{c \pm d}{c} \qquad (12.1i)$$

Exemplo 12.1
Qual é o valor do antecedente na proporção,

$$\frac{x}{4} = \frac{6}{8}$$

Pela 1ª propriedade, temos:

$$8 \cdot x = 4 \cdot 6$$

Donde se tira,

$$x = \frac{24}{8} = 3$$

Exemplo 12.2
Calcule x na proporção:

$$\frac{x}{4} = \frac{9}{x}$$

Pela 1ª propriedade, temos:

$$x^2 = 36$$

donde,

$$x = \sqrt{36} = 6$$

já que as razões não admitem valores negativos.

Exemplo 12.3
Ache os valores de x e y, dados nas razões iguais:

$$\frac{x}{8} = \frac{y}{16} = \frac{3}{4}$$

Como 3/4 = 0,75, sendo este o valor comum das razões. Então, comparando a 1ª razão com a 3ª razão, temos:

$$\frac{x}{8} = 0{,}75 \quad \rightarrow \quad x = 8 \cdot 0{,}75 = 6$$

De igual modo, temos:

$$\frac{y}{16} = 0{,}75 \quad \rightarrow \quad y = 16 \cdot 0{,}75 = 12$$

Exemplo 12.4
Sendo 2, 4 e 5 os termos de uma proporção, ache o 4º termo.

Se x é o 4º termo da proporção, ela será estabelecida como:

$$\frac{2}{4} = \frac{5}{x}$$

Donde,

$$x = \frac{4 \times 5}{2} = 10$$

A proporção tem quatro termos; conhecido três deles, determina-se o termo desconhecido. Esse tipo de cálculo será chamado de regra de três simples e constitui a aplicação habitual de proporções.

Antes de prosseguirmos, vejamos o conceito de proporcionalidade direta e inversa.

Duas quantidades que se correspondem são diretamente proporcionais, se uma delas aumenta (ou diminui), a outra também cresce (ou decresce).

Duas quantidades que se correspondem são inversamente proporcionais quando uma delas aumenta (ou diminui), a outra decresce (ou cresce).

A regra de três é expressa por uma proporção; a razão cujos termos são conhecidos é chamada de razão principal, e a razão em que figura o termo desconhecido, de razão relativa.

13 – REGRA DE TRÊS SIMPLES

Regra de Três Simples é a operação que tem por fim, conhecidos três termos de uma proporção, determinar o termo desconhecido (representa-se por x).

A regra de três se baseia no princípio de proporcionalidade; de modo que a regra de três simples pode ser direta e inversa.

13.1. Regra de Três Direta

Regra de Três direta é aquela cuja razão relativa aumenta (ou diminui) na proporção direta da razão principal.

Exemplo 13.1
Um automóvel com 2 litros de combustível percorre 20 km. Quantos km ele percorrerá com um tanque de 50 litros?

A resolução da regra de três deve ser feita em duas etapas:

1º) Faz-se o resumo do enunciado, indicando com as setas as variações das quantidades correlacionadas:

Se 2 ℓ percorrem 20 km

↑ Com 50 ℓ percorrerão x ↑

As setas de mesmo sentido indicam que as quantidades correlacionadas são diretamente proporcionais.

2º) Monta-se a regra de três escrevendo a proporção decorrente:

$$\frac{2\ \ell}{50\ \ell} = \frac{20\ \text{km}}{x}$$

Donde,

$$x = \frac{50\ \ell \times 20\ \text{km}}{2\ \ell} = 500\ \text{km}$$

Para simplificar o cálculo, costuma-se omitir as unidades de medidas das razões.

Exemplo 13.2
Se 3 dólares americanos custam 11,70 reais, quanto custarão 10 dólares americanos?

Denotando por x o valor dos dólares a determinar, faz-se o resumo do enunciado do problema, escrevendo:

US$ 3,00 custam R$ 11,70

↑ US$ 10,00 custarão x ↑

Aqui também, as setas para cima indicam que o aumento de uma quantidade acarretou o aumento correspondente da outra, e que tais quantidades são diretamente proporcionais.

Então, escreve-se a regra de três direta, em termos de proporção, como:

$$\frac{3}{10} = \frac{11,70}{x}$$

Donde,

$$x = \frac{11,70 \cdot 10}{3} = 39 \text{ ou US\$ } 39,00$$

13.2. Regra de Três Inversa

Regra de três inversa é aquela cuja razão relativa aumenta (ou diminui) na proporção inversa da razão principal.

Exemplo 13.4
Uma equipe de 3 operários executa uma obra em 14 dias. Aumentando a equipe para 7 operários, em quantos dias a obra será concluída?

1º) Resumo do enunciado, indicando com as setas as variações das quantidades:

Se 3 op. executam a obra em 14 dias

↑ 7 op. executarão a obra em x ↓

As quantidades correlacionadas são inversamente proporcionais, indicadas pelos sentidos setas: ↑ aumenta operário, ↓ diminui dias.

2º) Para montar a proporção da regra de três, devemos inverter a razão principal (ou a razão relativa):

$$\frac{7}{3} = \frac{14}{x}$$

Donde,

$$x = \frac{3 \text{ x } 14}{7} = 6 \text{ ou } 6 \text{ dias}$$

Exemplo 13.5

Com 5 torneiras, enche-se um reservatório em 4,5 horas. Utilizando apenas com 3 torneiras, em quanto tempo o reservatório ficará cheio?

1º) Resumo do enunciado, indicando com as setas as variações das quantidades:

Se 5 torn. enchem o reserv. em 4,5 h

↓ 3 torn. encherão o reserv. em x ↑

Podendo-se ver que as quantidades correlacionadas são inversamente proporcionais.

2º) Para montar a proporção da regra de três, inverte-se a razão principal (ou a razão relativa):

$$\frac{3}{5} = \frac{4{,}5}{x}$$

Donde,

$$x = \frac{5 \text{ x } 4{,}5}{3} = 7{,}5 \text{ ou } 7{,}5 \text{ h}$$

14 – REGRA DE TRÊS COMPOSTA

Regra de três composta é a composição de regras de três simples encadeadas.

Para caracterizar a regra de três composta, tomemos um exemplo.

Exemplo 14.1
Uma equipe de 5 operários, trabalhando 8 horas por dia durante 6 dias, constroem um muro de 240m de comprimento. Nas mesmas condições, 2 operários, trabalhando 6 horas por dia, farão um muro de 180m de comprimento em quanto tempo?

Resumo do enunciado:

5 op. em 6 d de 8 h/d executam 240 m de muro

2 op. x de 6 h/d executam 180 m de muro

1º) Decompõe-se a regra de três composta em tantas razões simples quantas forem as combinações da razão relativa com as razões principais; no caso temos:

5 op.	6 d	8 h/d	6 d	240 m	6 d
2 op.	x	6 h/d	x	180 m	x

2º) Faz-se a análise de cada regra de três simples:

5 op. 6 d
inversa
↓ 2 op. x ↑
....

8 h/d 6 d
inversa
↓ 6 h/d x ↑
....

240 m   6 d
                          direta
↓ 180 m   x ↓

3º) Estabelecem-se as proporções, invertendo a razão principal de cada regra de três inversa:

$$\frac{2}{5} = \frac{6}{x} \; ; \; \frac{6}{8} = \frac{6}{x} \; ; \; \frac{240}{180} = \frac{6}{x}$$

4º) Multiplicam-se as razões principais e o produto iguala a razão relativa:

$$\frac{2 \cdot 6 \cdot 240}{5 \cdot 8 \cdot 180} = \frac{6}{x}$$

Após a simplificação do 1º membro, temos:

$$\frac{2}{5} = \frac{6}{x}$$

Donde,

$$x = 15 \text{ ou } 15 \text{ dias}$$

15 – DIVISÃO EM PARTES PROPORCIONAIS

Dividir uma quantidade em partes proporcionais pode ser: (i) em partes diretamente proporcionais; e (ii) em partes inversamente proporcionais. Vejamos cada caso.

15.1. Divisão em Partes Diretamente Proporcionais

Para estabelecer o cálculo da divisão em partes diretamente proporcionais, vamos considerar o seguinte enunciado:

Exemplo 15.2

Seja 360 o número que se quer dividir em partes proporcionais a 2, 3 e 5, cuja soma é 10; e designando por x, y e z as respectivas partes proporcionais. Podemos afirmar que as igualdades das razões: 360 está para a soma dos números dados, 10, assim como cada parte proporcional, x, y, z está para cada número, 2, 3, 5, ou seja:

$$\frac{360}{10} = \frac{x}{2} = \frac{y}{3} = \frac{z}{5}$$

Daí se tira, sucessivamente:

$$x = \frac{360 \text{ x } 2}{10} = 72 \;;\; y = \frac{360 \text{ x } 3}{10} = 108 \;;\text{ e }\; z = \frac{360 \text{ x } 5}{10} = 180$$

As partes proporcionais são 72, 108 e 180.

$$\frac{360}{72} = 2 \;;\; \frac{360}{108} = 3 \;;\text{ e }\; \frac{360}{180} = 5$$

Para generalizar este procedimento, seja N o número que se quer dividir em partes proporcionais as quantidades a, b, c, cuja soma é a+b+c; e designando por x, y e z as respectivas partes proporcionais, temos as igualdades das razões:

N está para a soma dos números dados, a–b+c, assim como cada parte proporcional, x, y, z, está para cada número, a, b, c, ou seja:

$$\frac{N}{a+b+c}=\frac{x}{a}=\frac{y}{b}=\frac{z}{c} \qquad (15.1a)$$

Donde,

$$x=\frac{N\cdot a}{a+b+c};\ y=\frac{N\cdot b}{a+b+c};e \quad z=\frac{N\cdot c}{a+b+c} \qquad (15.2a)$$

15.2. Divisão em Partes Inversamente Proporcionais

Dividir N em partes inversamente proporcionais as quantidades a, b, c, é o mesmo que dividir N em partes diretamente proporcionais a 1/a, 1/b/, 1/c , sendo x, y, z, as partes proporcionais de N.

Então, podemos reescrever (15.1a) assim:

$$\frac{N}{1/a+1/b+1/c}=\frac{x}{1/a}=\frac{y}{1/b}=\frac{z}{1/c} \qquad (15.3b)$$

E (15.2a), assim:

$$x=\frac{N\cdot 1/a}{1/a+1/b+1/c};\ y\frac{N\cdot 1/b}{1/a+1/b+1/c};e \quad z=\frac{N\cdot 1/c}{1/a+1/b+1/c} \qquad (15.3b)$$

Exemplo 15.3
Divida 360 em partes inversamente proporcionais aos números 2, 3 e 5

Dividir 360 em partes inversamente proporcionais aos números 2, 3, 5 é o mesmo que dividir 360 em partes diretamente proporcionais aos inversos deles, ou, 1/2, 1/3, 1/5, sendo x, y e z as respectivas partes proporcionais.

Tomamos a soma dos inversos dos números:

$$\frac{1}{2}+\frac{1}{3}+\frac{1}{5}=\frac{31}{30}$$

Por (15.3b), temos:

$$x=\frac{360\cdot 1/2}{31/30}=\frac{5.400}{31}$$

$$y=\frac{360\cdot 1/3}{31/30}=\frac{3.600}{31}$$

$$z=\frac{360\cdot 1/5}{31/30}=\frac{2.160}{31}$$

Para comprovar, somamos os resultados:

$$x+y+z=\frac{5.400+3.600+2.160}{31}=360$$

Exemplo 15.4

Divida um lucro de R$ 121.000,00, entre três sócios, em partes inversamente proporcionais aos números 2, 4, 6.

Soma dos inversos:

$$\frac{1}{2}+\frac{1}{4}+\frac{1}{6}=\frac{11}{12}$$

Por (15.3b), temos:

$$x=\frac{121.000\cdot 1/2}{11/12}=66.000$$

$$y = \frac{121.000 \cdot 1/4}{11/12} = 33.000$$

$$z = \frac{121.000 \cdot 1/6}{11/12} = 22.000$$

Comprovando: $x + y + z = 121.000$ ou R$ 121.000,00

16 – PORCENTAGEM

Porcentagem é a operação que tem por fim tirar um valor de outra quantidade determinada.

Na operação de porcentagem estão relacionados quatro elementos: principal, porcentagem, taxa e base, a seguir definidos.

Principal é a quantidade da qual se retira a porcentagem, anota-se C.

Porcentagem é a quantidade que se tira do principal, anota-se p.

Taxa de porcentagem é a quantidade que se tira de cada 100; designa-se por i; e o símbolo % lê-se "por cento"; assim, 7% lê-se 7 por cento.

Base é o número 100, do qual se tira ou se agrega determinada quantidade.

Observação: Também se diz percentagem, mas neste caso tem-se um galicismo.

16.1. Cálculo de Porcentagem

O cálculo da porcentagem é feito pela regra de três simples, como se segue:

Se de 100 tira-se i

De C tira-se p

Como as quantidades são diretamente proporcionais, temos:

$$\frac{100}{C} = \frac{i}{p} \qquad (16.0)$$

Com a equação (16.0), resolvem-se todos os problemas de porcentagem: conhecidos dois dos elementos, determina-se o terceiro.

Para tornar prático o cálculo da porcentagem, costuma-se estabelecer a fórmula para o seu cálculo, tirada de (16.0), ou seja:

$$p = \frac{C \cdot i}{100} \qquad (16.1a)$$

De (16.0), também podemos tirar os valores C e i:

$$C = \frac{100 \cdot p}{i} \quad (16.1b)\ ; \quad i = \frac{100 \cdot p}{C} \qquad (16.1c)$$

Na prática, também se opera com a taxa unitária, i', definida por:

$$i' = \frac{i}{100} = \frac{p}{C} \qquad (16.2a)$$

Donde,

$$i = 100\, i' \qquad (16.2b)$$

E a fórmula (16.1a) toma forma mais simples:

$$p = C \cdot i' \qquad (16.1a')$$

E também temos:

$$C = \frac{p}{i'}\ (1.1b');\ i' = \frac{p}{C} \qquad (16.1c')$$

Exemplo 16.1
· Quanto é 8% de R$ 900,00?

Por (16.0), temos a proporção

$$\frac{100}{900} = \frac{8}{p}$$

Tirando o valor de p, resulta:

$$p = \frac{900 \times 8}{100} = 72 \text{ ou R\$ } 72{,}00$$

Exemplo 16.2
Numa compra à vista de R$ 680,00, obteve-se o abatimento de 5%. Qual foi a porcentagem? Qual foi o valor líquido pago?

Para usar (16.1a'), tomando i' = 5/100 = 0,05, temos:

$$p = 680 \times 0{,}05 = 34{,}00 \text{ ou R \$ } 34{,}00$$

Valor pago: R$ 680,00 – R$ 34,00 = R$ 646,00

Exemplo 16.3
Numa compra à vista de R$ 400,00, obteve-se a porcentagem de R$ 24,00. Qual foi a taxa de porcentagem aplicada?

Substituindo os dados em (16.lc), virá:

$$i = \frac{100 \cdot 24}{400} = 6\ \%$$

Há dois casos especiais de porcentagem:
1º caso: Comissão
Quando, em uma operação comercial, uma pessoa faz a intermediação da operação, esta recebe uma comissão, que é a porcentagem sobre o valor principal.

Por exemplo: na venda de um apartamento por R$ 250.000,00, um corretor recebeu a comissão de 5%. Qual é o valor dessa comissão?

$$p = \frac{250.000 \times 5}{100} = 12.500 \text{ ou R\$ } 12.500$$

2º caso: Montante

Montante é a soma do principal reunido com a porcentagem, M = C + p, formando uma só quantidade.
Por exemplo, comprou-se um apartamento pelo valor de R$ 250.000,00 e tornou-se a vendê-lo com um lucro de 15%.

Temos: p = 250.000 x 0,15 = 37.500, donde o montante

$$M = 250.000 + 37.500 = 287.500 \text{ ou R\$ } 287.500{,}00$$

Generalizando, para obter a fórmula pertinente, temos:

$$M = C + p$$

Substituindo p, dado em (16.1a), virá

$$M = C + \frac{C \cdot i}{100} = C\left(\frac{100 + i}{100}\right) \qquad (16.3a)$$

Substituindo os dados acima e operando, teremos:

$$M = 250.000\left(\frac{100 + 15}{100}\right) = 287.500 \quad \text{ou R\$ } 287.500{,}00$$

Exemplo 16.4
Comprou-se um apartamento e tornou-se a vendê-lo por R$ 287.000, com um lucro de 15%. Qual foi o valor de compra do apartamento?

A quantia de 287.500, que é montante, está para o principal, assim como a taxa de 100 + 15 está para 100, donde a proporção:

$$\frac{287.500}{C} = \frac{100 + 15}{100}$$

Donde, o valor de C:

$$C = \frac{287.500 \text{ x } 100}{115} = 250.000 \text{ ou R\$ } 250.000,00$$

De outro modo, podemos tirar C de (6.3a), e concluir a expressão geral para o caso:

$$C = \frac{M \cdot 100}{100 + i} \qquad (16.3b)$$

17 – JUROS SIMPLES

Juro é a remuneração pelo uso do dinheiro aplicado, símbolo, j;

Os juros podem ser simples ou compostos. Vamos aqui tratar do cálculo dos juros simples.

O cálculo do juro simples envolve os seguintes elementos:

Capital, é a quantia posta a juros, símbolo, C;

Tempo unitário ou apenas tempo, é o prazo em que o capital C lucra o juro j, símbolo t;

Taxa, é o coeficiente obtido do juro (lucro) pelo capital C aplicado no tempo t. A taxa de juro apresenta-se de duas formas:

Taxa unitária, é a razão entre o juro j e o capital C, em um tempo unitário, ou seja, i' = j/C. Como C > j , i' < 1, i' será sempre uma fração decimal, referida a unidade de tempo.

Exemplo 17.1
O capital de R$ 1.000,00 aplicado em um tempo unitário rendeu o juro simples de R$ 60,00. Então, a taxa unitária aplicada a ele foi de:

$$\frac{R\$\ 60{,}00}{R\$\ 1.000{,}00} = 0{,}06$$

Notas: 1) Para simplificar o cálculo das quantidades envolvidas, omite-se o símbolo da moeda (R$) e a parte decimal, quando esta for de zeros centavos.
2) Abreviações usadas para denotar o tempo são: taxa anual, a.a = ao ano; taxa mensal, a.m e taxa diária, a.d. Na verdade, o correto seria usar 1/a, 1/m e 1/d.

Taxa porcentual, representa o juro de cem unidades de capital no tempo unitário. Define-se por $i = (j/C) \cdot 100 = i' \cdot 100$.

Exemplo 17.2
Do exemplo anterior, tem-se: i = 0,06 x 100 = 6%; e reciprocamente, tem-se a taxa unitária i' = 6/100 = 0,06.

Na atividade financeira, o cálculo dos juros simples é feito sob duas modalidades: juros ordinários e juros exatos.

Juros ordinários, nos quais são usados o ano de 360 dias e o mês de 30 dias, por convenção. Usa-se esta modalidade no cálculo teórico.

Juro exato, emprega o calendário civil para o cômputo do prazo preciso em que o capital produziu o rendimento. Assim, leva-se em conta o ano de 365 ou 366 dias; e o mês de 28, 29, 30 ou 31 dias. Este tipo é o usado na atividade bancária.

17.1. Fórmulas para o Cálculo dos Juros simples

As fórmulas para o cálculo dos juros simples são ser estabelecidas por meio de regras de três compostas. Vejamos.

Se o capital 100 no tempo unitário rende i , o capital C, no tempo t, renderá o juro j ; o que permite formar a regra de três composta como se segue:

O capital 100, no tempo 1, rende i

↑ O capital C, no tempo t, ↑ renderá j ↑

Como as quantidades relacionadas são diretamente proporcionais, resultam duas proporções:

$$\frac{100}{C} = \frac{i}{j} \quad \text{e} \quad \frac{1}{t} = \frac{i}{j}$$

O produto das duas razões principais está para a razão relativa, ou seja:

$$\frac{100 \cdot 1}{C \cdot t} = \frac{i}{j}$$

Donde se tira,

$$j = \frac{C \cdot i \cdot t}{100} \qquad (17.1a)$$

Usado a taxa unitária, i' = i /100, escrevemos simplesmente:

$$j = C \cdot i' \cdot t \qquad (17.2a)$$

O tempo t é dado em anos, na fórmula (17.1a); contudo, se ele é dado em meses, substitui-se nela t = m/12; e, se em dias, toma-se t = d/360, e a fórmula (17.1a) assume as formas respectivas:

$$j = \frac{C \cdot i \cdot m}{1.200} \qquad (17.1b)$$

$$j = \frac{C \cdot i \cdot d}{36.000} \qquad (17.1c)$$

Analogamente, a fórmula (17.2a) também tem duas versões:

$$j = \frac{C \cdot i' \cdot m}{12} \qquad (17.2b)$$

$$j = \frac{C \cdot i' \cdot d}{360} \qquad (17.2c)$$

Usar (17.1a) ou (17.2a) e suas derivadas será uma preferência ao leitor.

De cada fórmula, tira-se facilmente C, i, t. Por exemplo, de (17.2a), tiramos sucessivamente:

$$\overset{\text{Capital}}{C = \frac{j}{i' \cdot t}} \ (17.3a); \quad \overset{\text{taxa}}{i' = \frac{j}{C \cdot t}} \ (17.3b); \quad \overset{\text{tempo}}{t = \frac{j}{C \cdot i'}} \qquad (17.3c)$$

De (17.1a), tiramos sucessivamente C, i, m:

$$\underset{\text{Capital}}{C = \frac{12 \cdot j}{i \cdot m}} \quad (17.4a); \quad \underset{\text{taxa}}{i = \frac{12 \cdot j}{C \cdot m}} \quad (17.4b); \quad \underset{\text{tempo}}{m = \frac{12 \cdot j}{C \cdot i}} \quad (17.4c)$$

De (17.2c), tiramos também C, i, d :

$$\underset{\text{Capital}}{C = \frac{360 \cdot j}{i \cdot d}} \quad (17.5a); \quad \underset{\text{taxa}}{i = \frac{360 \cdot j}{C \cdot d}} \quad (17.5b); \quad \underset{\text{tempo}}{d = \frac{360 \cdot j}{C \cdot i}} \quad (17.5c)$$

Exemplo 17.3
Achar os juros da aplicação de R$ 2.000,00, a 36 % a.a. durante 15 meses.

Dados: C = 2.000; t = 15 m; i = 36 % a.a; para usar (17.1a), é necessário converter a taxa ao mês, 36 %/12 = 3 % a.m (ou o tempo em anos, 15/12 a); então, temos:

$$j = \frac{2.000 \text{ x } 3/m \text{ x } 15m}{100} = 900 \text{ ou R\$ } 900{,}00$$

Ou, usando t = 15/12 a.a, virá:

$$j = \frac{2.000 \text{ x } 36/a \text{ x } (15/12)\ a}{100} = 900 \text{ ou R\$ } 900{,}00$$

Exemplo 17.4
Qual o rendimento de € 600,00 (euros), a 6 % a.m, durante 8 meses?

Usando (17.2a), com C = € 600, i = 0,06 a.m, e m = 8, virá:

$$j = 600 \text{ x } 0{,}06/m \text{ x } 8m = 288 \text{ ou € } 288{,}00$$

Exemplo 17.5
Com que taxa anual, R$ 5.000,00, em 4 anos, rendeu R$ 1.000,00?

Por (17.3b), C = 5.000; t = 4 anos; e j = 1.000, virá:

$$i' = \frac{1.000}{5.000 \times 4} = 0,05 \text{ ou } 5\ \% \text{ a.a.}$$

Exemplo 17.6
Ache o tempo em que R$ 800,00, aplicado a 3 % a.a, renderam R$ 192,00.

Por (17.3c), C = 800; i' = 0,03; e j = 192, virá:

$$t = \frac{192}{800 \times 0,03} = 8 \text{ anos.}$$

Exemplo 17.7
Qual o capital para o qual a taxa de 9% a.a, durante 10 meses, rendeu os juros de R$600,00?

Usando (17.4a), i' = 0,09, e 10 m, virá:

$$C = \frac{12 \times 600}{0,09 \times 10} = 8.000 \text{ ou R\$ } 8.000,00$$

Exemplo 17.8
Qual a taxa anual que o capital de R$ 9.000,00 rendeu R$ 100,00 em 40 dias?

Usando (17.5b), C = 9.000, d = 400, j = 100, virá:

$$I1 = \frac{360 \times 100}{9.000 \times 40} = 0,10 \text{ ou } i = 10\ \%$$

17.2. Juros Simples pelo Método Hamburguês

Quando se tem que calcular os juros simples de diversos capitais a uma mesma taxa fixa, usa-se, na prática, o método em questão, a seguir estabelecido.

Em geral, o cálculo dos juros bancários é feito com o ano civil de 365 ou 366 dias, e o mês de 30, 31, 28 ou 29 dias; no comércio usa-se o ano de 360 dias, e o mês de 30 dias.

Seja a movimentação de uma conta bancária com depósitos e/ou retiradas, na qual se usa o mês civil de 365 dias.

O cálculo dos juros total, de n movimentações, será dado por:

$$j_t = j_1 + j_2 + \ldots + j_n$$

Usando (17.2c), temos:

$$j_t = \frac{C_1 \cdot i' \cdot d_1}{365} + \frac{C_2 \cdot i' \cdot d_2}{365} + \ldots + \frac{C_n \cdot i' \cdot d_n}{365}$$

$$j_t = \frac{C_1 \cdot d_1 + C_2 \cdot d_2 + \ldots + C_n \cdot d_n}{365/i'} \qquad (17.6)$$

Onde o produto, $C_n \cdot d_n = N_n$, chamado de número, representa o produto do saldo do capital pelos dias que permaneceu aplicado; e o denominador define o divisor fixo, DF,

$$DF = \frac{365}{i'} \qquad (17.6a)$$

Exemplo 17.9
Ache os juros do capital de R$ 1.500,00, à taxa fixa de 48 % a.a, nos prazos de 60 e de 85 dias, referidos ao mês comercial.

Estabeleçamos o DF:

$$DF = \frac{365}{0,48} = 760,416\ 667$$

Introduzindo os dados em (17.6), temos:

$$j_t = \left(\frac{1.500 \times 60 + 1.500 \times 85}{760,416\ 667}\right) \approx 286,027 \text{ ou R\$ } 286,03$$

A definição de DF sugere que podemos utilizar, alternativamente, o seu inverso, 1/DF, que é chamado de multiplicador fixo, MF = 1/DF, ora definido como:

$$MF = \frac{i'}{365} \qquad (17.6b)$$

No exemplo dado, temos

$$MF = \frac{0,48}{365} = 0,001\ 315\ ...$$

Donde, os juros respectivos:

$$j_t = (1.500 \times 60 + 1.500 \times 85) \cdot 0,001\ 315 \approx 286,03 \text{ ou R\$ } 286,03$$

Esta questão, referida ao mês comercial de 360 dias, dá, DF' = 750 e MF' = 0,001 333 ... .

Donde,

$$j_t = (1.500 \times 60 + 1.500 \times 85) \times 0,001\ 333 \approx 289,9275 \text{ ou R\$ } 289,93.$$

Aplicando-se o MF, com base em 360 dias, obtém-se um juro calculado, ligeiramente maior do que o aplicado com base em 365 dias.

18 – JUROS COMPOSTOS

O juro composto agrega, no final do período, o juro, j, ao capital inicial, C, formando o montante, $M = C + j$, o qual passará a produzir novos juros para o período seguinte e assim sucessivamente.

Na literatura financeira inglesa, o montante, M, é também chamado de Valor Futuro, VF, e o capital inicial, C, de Valor Nominal, VN.

18.1. Dedução da fórmula dos juros compostos

Faz-se $t = 1$ para cada período de capitalização.

1º período:

$$M_1 = C + j = C + C \cdot i = C\,(1 + i)$$

2º período:

$$M_2 = M_1 + j' = C\,(1 + i) + C\,(1 + i) \cdot i = C\,(1 + 2 \cdot i + i^2) = C\,(1 + i)^2$$

Ou seja,

$$M_2 = M_1\,(1 + i) = C\,(1 + i)^2$$

3º período:

$$M_3 = M_2\,(1 + i) = C\,(1 + i)^3$$

E assim sucessivamente.

nº período de capitalização, n, resulta na expressão geral:

$$M = C\,(1 + i)^n \qquad (18.1a)$$

E o fator $(1 + i)^n$ pode ser desenvolvido pela regra de Newton, dada no item 3 do Apêndice 3.

De (18.1a) podemos tirar os valores do capital, C, e da taxa unitária, i, em função dos outros parâmetros:

$$C = \frac{M}{(1+i)^n} \quad (18.1b); \quad i = \sqrt[n]{\frac{M}{C}} - 1 \qquad (18.1c)$$

Para o cálculo do enésimo período de capitalização, n, recorre-se à aplicação do logaritmo decimal, log, em (18.1a), e temos:

$$\log M = \log C + n \log (1 + i)$$

Donde se tira:

$$n = \frac{\log M - \log C}{\log (1 + i)} \qquad (18.1d)$$

Por sua parte, os juros acumulados, j, são dados por:

$$j = M - C \qquad (18.1e)$$

E, substituindo M, obtemos:

$$j = C\,[(1 + i)^n - 1] \qquad (18.1f)$$

Exemplo 18.1

Que juro composto produzirá o capital de R$ 1.000,00, a taxa de 5% a.a, no período de 3 anos?

Substituindo os dados em (18.1f), temos:

$$j = 1.000\,[(1 + 0,05)^3 - 1] = 157,625 \text{ ou R\$ } 157,63$$

Este resultado pode ser conferindo calculando-se o montante:

$$M = 1.000\,(1 + 0,05)^3 = 1.157,625 \approx 1.157,63 \text{ ou R\$ } 1.157,63$$

Donde:

$$j = 1.157,63 - 1.000 = 157,63 \text{ ou R\$ } 157,63$$

Exemplo 18.2
Certo capital foi colocado a juros compostos, no prazo de 6 meses, a 3% a.m, produzindo o montante de R$ 2.626,92. Ache o capital aplicado.

Substituindo os dados em (18.1b), virá:

$$C = \frac{2.626,92}{(1 + 0,03)^6} = 2.200,00 \text{ ou R\$ } 2.200,00$$

Exemplo 18.3
O capital de R$ 2.500,00 foi colocado a juros compostos, no prazo de 6 meses, produzindo o montante de R$ 3.163,30. Qual foi a taxa aplicada?

Substituindo os dados em (18.1c), virá:

$$i = \sqrt[6]{\frac{3.163,30}{2.500}} - 1 = 1,04 - 1 = 0,04 \quad ou \quad 4\% \quad a.m$$

Exemplo 18.4
Durante quanto tempo o capital de R$ 10.000,00, aplicado a juro composto à taxa de 6 % a, m, rendeu o montante de R$ 12.624,77?

Substituindo os dados em (18.1d), virá:

$$n = \frac{\log 12.624,77 - \log 10.000}{\log (1 + 0,06)} \approx \frac{4,10 - 4}{0,025} = 4 \text{ ou 4 meses}$$

19 - DESCONTOS

Definição
Desconto é o abatimento que se obtém em um título de crédito (letra de câmbio, LC, nota promissória, NP, duplicata, D) quando ele é liquidado/pago antes do vencimento. Vencimento é a data determinada à liquidação do título/letra.

O título de crédito é o documento legal, no qual uma pessoa se compromete a pagar a outra o valor nele determinado, na data nele prescrita.

LC é o título no qual uma pessoa (sacador) ordena a outra (sacado) que pague ao beneficiário (3º pessoa) o valor do título; NP é o título no qual o emitente declara-se devedor do valor nele inscrito e compromete-se a pagá-lo na data do vencimento ao credor; D é o título no qual o emitente faz constar o nome do sacado/devedor que dá o aceite do valor do título e o seu vencimento.

O título/letra tem dois valores: (i) Valor Nominal, VN, é o valor real escrito no título/letra; e (ii) Valor Atual, VA , é o valor que o título/letra tem depois de feito o desconto.

Por definição, o desconto é

$$D = VN - VA \quad (1)$$

Donde,

$$VN = VA + D \quad (2)$$

(2) indica que o VN corresponde capital aplicado; e VA, a um capital descontado.

As operações com desconto são de dois tipos: (i) Desconto por Fora ou Comercial, anota-se D_{pf} ou D_c; e (ii) Desconto por Dentro ou Racional, anota-se por D_{pd} ou $D_{r.}$.

19.1. Cálculo do Desconto por Fora ou Comercial

O Desconto por fora, D_c, é o juro simples do Valor Nominal, VN, do título/letra, de modo que se pode usar os juros dados por (17.1a), substituindo j por D_c e C por VN, e temos:

$$D_c = \frac{VN \cdot i \cdot t}{100} \qquad (19.1a)$$

Ou, usando a taxa unitária:

$$D_c = VN \cdot i' \cdot t \qquad (19.1a')$$

De (19.1a') tiraram-se os valores VN, i' e t; e temos:

$$VN = \frac{D_c}{i' \cdot t} \quad (19.2a)\ ;\ i' = \frac{D_c}{VN \cdot t} \quad (19.2b)\ ;\ t = \frac{D_c}{VN \cdot i'} \quad (19.2c)$$

E o Valor Atual,

$$VA = VN - D_c \text{ e } VA = VN\,(1 - i' \cdot t) \quad (3)$$

Observação: O comércio costuma dar um desconto em compra com pagamento à vista. Neste caso, não há o fator tempo e o desconto vira uma porcentagem, para a qual se pode usar (19.1a) ou (19.1a'), pondo t = 1.

Exemplo 19.1
Uma NP de R$ 1.200,00 foi resgatada 4 meses antes do seu vencimento com taxa de desconto de 24% a.a. Determinar o desconto.

Por (19.1a), temos:

$$D_c = \frac{1.200 \times 24 \times 4/12}{100} = 96 \text{ ou R\$ } 96{,}00$$

Exemplo 19.2
Uma duplicata no valor de R$ 2.500,00, à taxa de 4 % a.m, é paga 3 meses antes do vencimento. Qual é o desconto por fora que se teve?

De (19.1a'), temos:

$$D_c = 2.500 \times 0{,}04/\text{m} \times 3 \text{ m} = 300 \text{ ou R\$ } 300{,}00$$

Exemplo 19.3
Qual é a taxa de desconto por fora de uma letra de R$ 3.000,00 que teve um desconto de R$ 240,00, paga 2 anos antes do vencimento?

Substituindo os valores dados em (19.2b), virá:

$$i' = \frac{240}{3.000 \times 2} = 0{,}04 \text{ ou } 4\ \% \text{ a.a}$$

Exemplo 19.4
Em que tempo a letra de R$ 2.600,00, a taxa de 5 % a.m, teve o desconto por fora de R$ 260,00?

Substituindo os valores dados em (19.2c), virá:

$$t = \frac{260}{2.600 \times 0{,}05} = 2 \text{ meses}$$

19.2. Desconto por Dentro ou Racional

Desconto por Dentro, D_r, é o juro simples do Valor Atual, VA, do título, no prazo antecipado, ou seja,

$$D_r = VA \cdot i' \cdot t \qquad (19.3a)$$

Como $VN = VA + D_r = VA + VA \cdot i' \cdot t$, obtemos:

$$VN = VA\ (1 + i' \cdot t) \qquad (19.4b)$$

Donde,

$$VA = \frac{VN}{(1 + i' \cdot t)} \qquad (19.4b)$$

Alternativamente, substituindo (19.4b) em (19.3a), obtemos:

$$D_r = \frac{VN \cdot i' \cdot t}{(1 + i' \cdot t)} \qquad (19.3b)$$

Como $VN \cdot i' \cdot t = D_c$, também temos:

$$D_r = \frac{D_c}{(1 + i' \cdot t)} \qquad (19.3c)$$

Exemplo 19.5
Uma duplicata no valor de R$ 2.500,00, à taxa de 4 % a.m, foi paga 3 meses antes do vencimento. Qual foi o desconto por dentro que ela teve? Qual é o VA do título?

Substituindo os valores dados em (19.3b), temos:

$$D_r = \frac{2.500 \text{ x } 0{,}04 \text{ x } 3}{(1 + 0{,}04 \text{ x } 3)} \approx 267{,}857 \text{ ou R\$ } 267{,}86$$

Donde,

$$VA = 2.500{,}00 - 267{,}86 = 2.232{,}14$$

Neste exemplo, usamos os mesmos dados do exemplo 19.2, cujo desconto por fora foi D_c = R$ 300,00. Deste modo, fica comprovado que o Desconto por Dentro é sempre menor do que o Desconto por Fora, ou seja, $D_r < D_c$.

19.3. Desconto Bancário e Taxa efetiva

Desconto bancário, D_b, é a soma do desconto comercial, D_c, com a despesa bancária, R_e, calculada com a taxa de despesas bancária, b, sobre o valor nominal, VN, ou seja, $b \cdot VN = R_e$.

Então,

$$D_b = D_c + R_e \qquad (19.4a)$$

Sendo $D_c = VN \cdot i' \cdot t$, e $R_e = b.VN$ podemos concluir que,

$$D_b = VN\,(i' \cdot t + b) \qquad (1)$$

Define-se taxa efetiva, i_{ef}, como a taxa aplicada ao VA, no final da antecipação.

Por sua parte,

$$VN = VA\,(1 + i_{ef} \cdot t) \quad (2)$$

Combinando (1) e (2), obtemos:

$$i_{ef} = \frac{i'}{1 - i' \cdot t} \qquad (19.4b)$$

Exemplo 19.6
Um título de R$ 800,00 é descontado 3 meses antes do vencimento, à taxa de 60% a.a. Calcule a taxa efetiva, sem despesa bancária. Quanto fica o desconto bancário se a despesa bancária tem taxa de 30% do VN?

Sendo $i' = 0{,}60/12 = 0{,}05$ a.m,

$$D_b = D_c = 800{,}00 \times 0{,}05 \times 3 = 120$$

Usando (19.4b), virá,

$$i_{ef} = \frac{0{,}05}{1 - 0{,}05x3} = 0{,}0588 \text{ ou } 5{,}88 \text{ a.m.}$$

Temos: $R_e = 800 \times 0{,}30 = 240$ ou R$ 240,00

$$D_b = 120 + 240 = 360 \text{ ou R\$ } 360{,}00$$

20 – CÂMBIO

Câmbio é a troca de dinheiro entre dois países ou praças diferentes. Existem dois tipos de câmbio:

Câmbio Interno – realizado entre praças do mesmo país;

Câmbio Externo – realizado entre praças de nações diferentes.

Cada país tem a sua unidade monetária. Com o advento da União Europeia, composta por 19 países, em 16 de dezembro de 1995 foi adotada a unidade monetária denominada Euro, a qual foi implementada nos mercados financeiros do mundo em 1º de janeiro de 1999.

Os 19 países que compõem a União Europeia são os seguintes:
Alemanha, Austrália, Bélgica, Chipre, Eslováquia, Eslovênia, Espanha, Estônia, Finlândia, França, Grécia, Irlanda, Itália, Letônia, Lituânia, Luxemburgo, Malta, Países Baixos (Holanda) e Portugal.

20.1. Unidades Monetárias dos Países

Vejamos as unidades monetárias dos principais países:

Euro, EUR, símbolo, € é a unidade monetária dos países da União Europeia.

Real, BRL, símbolo R$, é a unidade monetária do Brasil, como sabemos.

Dólar Americano, USD, US$, é a unidade monetária dos Estados Unidos, USA.

Libra Esterlina, GLP, (em inglês, Pound), símbolo, £, é a unidade monetária do Reino Unido.

Rublo, RUB, símbolo ₽, é a unidade monetária da Rússia, URSS.

Iene, JPY, símbolo, ¥, é a unidade monetária do Japão.

No câmbio externo o país dá a unidade monetária como valor "certo" e o outro país dá a sua monetária com valor "incerto", que é o valor maior ou menor de sua unidade a ser cambiada.

Taxa de Câmbio é a relação de valor entre duas moedas de países distintos, estabelecida a partir da equivalência de preços das moedas envolvidas.

Por exemplo, se a cotação do dólar americano, em dado momento, é de 1 US$ = R$ 3,0895, tem-se a taxa de câmbio, I = 1US$/R$ 3,0895 ≈ 0,323 676 97 US$/R$, o que significa que a taxa de câmbio é um número composto.

No Brasil, a taxa de câmbio, I, é a relação entre a unidade de moeda estrangeira, MS, e a quantidade de moeda nacional, MN, ou seja, I = 1 MS/MN.

As taxas de câmbio são reunidas em tabelas de cotações diárias, com os preços de compra e de venda à disposição dos agentes que realizam as operações cambiais.

As operações cambiais são feitas através de estabelecimentos bancários, que compram e/ou vendem moedas estrangeiras.

Na venda, o agente financeiro cobra a taxa de câmbio em moeda nacional; na compra, ele paga a taxa de câmbio em moeda estrangeira.

As operações de câmbio são de dois tipos: direto ou indireto

Câmbio Direto - quando a transação é feita entre dois países distintos, sem intermediário, e um deles regula a taxa de câmbio.

Câmbio Indireto - quando a transação é feita entre mais de dois países diferentes, que estabelecem as suas taxas de câmbio.

20.1. Cálculo do Câmbio Direto

Fixada a taxa de câmbio, o cálculo do câmbio direto é feito por uma regra de três simples e direta. Designaremos por N a quantia de dinheiro nacional, e por S a quantia de dinheiro estrangeiro. Vejamos alguns exemplos.

Exemplo 20.1
Converta £ 360,00 em reais, quando se tem a cotação £ 1,00 = R$ 3,8623; e a taxa de câmbio I = £ 1,00/R$ 3,8623 = 0,258 913 082 £/R$.

Temos a regra de três:

$$\text{£ } 1{,}00 \quad \text{vale} \quad \text{R\$ } 3{,}8623$$

$$\uparrow \text{£ } 360 \quad \text{valerão} \quad N \quad \uparrow$$

Donde a proporção:

$$\frac{\text{£ } 1{,}00}{\text{£ } 360} = \frac{\text{R\$ } 3{,}88623}{N} \qquad (1)$$

Tirando o valor de N, virá,

$$N = \frac{\text{£ } 360 \text{ x R\$ } 3{,}8623}{\text{£ } 1{,}00} = \text{R\$ } 1.390{,}428$$

Para usar a definição de taxa de câmbio, colocamos (1), como:

$$\frac{\text{£ } 1{,}00}{\text{R\$ } 3{,}8623} = \frac{\text{£ } 360}{N} \qquad (2)$$

Ou seja,

$$0{,}258\ 913\ 082 \text{ £/R\$} = \frac{\text{£ } 360}{N}$$

Donde,

$$N = \frac{\text{£ } 360}{0{,}258\ 913\ 082 \text{ £/R\$}} = \text{R\$ } 1.390\ 428$$

Exemplo 20.2
Quanto vale R$ 2.000,00 em dólares americanos, quando a taxa de câmbio é I = 1US$/R$ 3,0868 = 0,323 960 088 US$/R$?

Temos,

US$ 1,00 vale R$ 3,0868
S valerão R$ 2.000

Ou seja,

$$\frac{\text{US\$ } 1{,}00}{S} = \frac{\text{R\$ } 3{,}0868}{\text{R\$ } 2.000}$$

Donde,

$$S = \frac{\text{US\$ } 1{,}00 \times \text{R\$ } 2.000}{\text{R\$ } 3{,}0868} \approx \text{US\$ } 647{,}92$$

Usando a taxa como I = 0,323 960 088 US$/R$, virá,

S = R$ 2.000,00 x 0,323 960 088 US$/R$.≈ US$ 647,92

20.2. Câmbio Indireto

No câmbio indireto, a troca de moedas entre países é feita com a intermediação de um deles.

Suponhamos que se quer enviar R$ 25.000,00 para Londres, por intermédio de Paris.

Usaremos a cotação do Euro, € 1,00 = R$ 3,3350; e a cotação da Libra Esterlina, £ 1,00 = € 1,1545; e a operação será feita em duas etapas.

1ª etapa: câmbio, Brasil/Paris:

€ 1,00 vale R$ 3,3350

S_1 valerão R$ 25.000

Donde,

$$S_1 = \frac{€\ 1{,}00 \times R\$\ 25.000{,}00}{R\$\ 3{,}3350} = €\ 7.496{,}252$$

2ª etapa: câmbio, Paris/Londres:

€ 1,00 vale £ 0,8662

€ 7.496,252 valerão S_2

Donde,

$$S_2 = \frac{€\ 7.496{,}252 \times £\ 0{,}8662}{€\ 1{,}00} = £\ 6.493{,}253$$

Outra forma de resolver:

1ª etapa da operação: taxa de câmbio, Brasil/Paris:

$I_1 = €\ 1{,}00/R\$\ 3{,}3350 = 0{,}299\ 850\ 075\ €/R\$;$

2º etapa da operação: taxa de câmbio, Paris/Londres:

$I_2 = £\ 1{,}00/€\ 1{,}1545 = 0{,}8662\ £/€$

3ª etapa: taxa de câmbio, Brasil/Londres:

$I_1 \cdot I_2 = (0{,}299\ 850\ 075\ €/R\$) \times (0{,}8662\ £/€) = 0{,}259\ 730\ 134\ £/R\$$

Então,

$R\$\ 25.000{,}00 \times 0{,}280\ 368\ 99\ £/R\$ = £\ 6.493{,}253$

21 – PROGRESSÕES

Denomina-se sucessão um conjunto de elementos – que podem ser números, quantidades numéricas e/ou algébricas – colocadas numa ordem sequencial que obedecem uma lei matemática. Os elementos da sucessão são chamados de termos.

A sucessão pode ser finita ou infinita. A sucessão finita tem um número limitado de termos, enquanto a sucessão infinita tem uma infinidade de termos.

Daqui em diante há a necessidade de incluirmos os números relativos que estão definidos no item 1 do Apêndice.

Representando por a_1, a_2, a_3, ... os termos gerais de uma sucessão, anotamos uma sucessão infinita como

$$\{a_1 , a_2 , a_3 , ... \}$$

E uma sucessão numérica finita como

$$\{1, 1/2 , 1/6, 1/18, 1/54\}$$

Com a lei matemática ordenam-se os termos de uma sucessão. A partir disso, é de interesse estudar dois tipos especiais de sucessão, a Progressão Aritmética, PA, e a Progressão Geométrica, PG.

21.1. Progressão Aritmética

Progressão Aritmética, PA, é a sucessão na qual cada termo, a partir do segundo, é igual ao termo precedente somado algebricamente a uma quantidade fixa, chamada razão, r.

A PA é limitada se tem um número finito de termos e ilimitada se tem uma infinidade de termos.

Representação geral de uma PA limitada com n termos:

$$PA: (a_1 , a_2 , a_3 , . . . , a_n) \quad (21.1a)$$

Da definição, temos:

$$a_2 = a_1 + r \,;\, a_3 = a_2 + r \,;\, . . . ,\, ;\, a_n = a_{n-1} + r \quad (21.1b)$$

em que a_n é termo geral da PA. Decorre de (21.1b) que:

$$r = a_2 - a_1 = a_3 - a_2 = . . . = a_n - a_{n-1} \quad (21.1c)$$

A PA é crescente se $r > 0$ e decrescente se $r < 0$.

Exemplos:

PA: (1, 4, 7, 10, 13, 16); PA crescente limitada, r = +3;

PA: (15, 13, 11, 9, 7, 5); PA decrescente limitada, r = –2;

PA: (a, b, c, d, ...); PA geral ilimitada

21.2. Cálculo do Termo Geral da PA

Retomamos as igualdades decorrentes da definição de PA, estabelecidas em (21.1b), e temos:

$$a_2 = a_1 + r$$

$$a_3 = a_2 + r$$

. . . .

$$a_n = a_{n-1} + r$$

Somando ordenadamente estas (n – 1) igualdades e eliminando os termos comuns, obtemos:

$$a_n = a_1 + (n - 1)r \quad (21.2a)$$

De (21.2a), tiramos os demais termos:

$$a_1 = a_n - (n - 1)r \quad (21.2b)$$

$$r = \frac{a_n - a_1}{n - 1} \qquad (21.2c)$$

$$n = 1 + \frac{a_n - a_1}{r} \qquad (21.2d)$$

Exemplo 21.1
Na PA (25, 21, x, 13, 9, 5), determine x e comprove que a soma dos termos equidistantes dos extremos é igual à soma dos extremos.

Temos: $r = 21 - 25 = -4$; x é o terceiro termo; então, por definição, x será a soma do termo precedente a ele mais a razão, ou seja,

$$x = 21 + (-4) = 17$$

Na 2ª parte, x = 17 e 13 são equidistantes de 25 e 5, então:

$$17 + 13 = 25 + 5 = 30$$

que comprova a propriedade da PA.

Exemplo 21.2
Calcule o décimo termo da PA: (7, 10, 13, 16, . . .).

Temos: $a_1 = 7$ e $r = 10 - 7 = 3$ e $n = 10$; então, por (21.2a), virá:

$$a_{10} = 7 + (10 - 1) \cdot 3 = 34$$

Exemplo 21.3
Ache o número de termos da PA cujos extremos são 3 e 19 e a razão é 2.

Temos: $a_1 = 3$, $r = 2$; donde, $a_n = 19$. Substituindo estes dados em (21.2d), virá,

$$n = 1 + \frac{19 - 3}{2} = 9$$

Exemplo 21.4

Numa PA, o terceiro é 16 e o sexto é 34. Ache a razão.

Temos:

$$a_1 + 2r = 16$$

$$a_1 + 5r = 34$$

Resolvendo o sistema, encontramos r = 6.

21.3. Propriedades da PA

1ª) Na PA, cada termo, a partir do segundo, é a média aritmética entre os termos contíguos.

Sejam os termos consecutivos, a_{n-1}, a_n e a_{n+1}; da definição de razão da PA, temos:

$$a_n - a_{n-1} = a_{n+1} - a_n$$

donde,

$$a_n = \frac{a_{n+1} + a_{n-1}}{2} \qquad (21.3a)$$

Ficando comprovado que o termo do meio é a média aritmética dos seus termos contíguos.

Exemplo 21.5

Na PA: (7, 10, x, 16, 19, 22), ache o valor de x.

O termo x é a média aritmética do antecedente, 10, e do consequente, 16, isto é:

$$x = \frac{10 + 16}{2} = 13$$

Numa PA limitada, dois termos são equidistantes dos extremos, quando é precedido e sucedido pelo mesmo número de termos. Na PA do exemplo acima, 10 e 19, assim como 13 e 16, são equidistantes dos extremos 7 e 22.

2ª) Na PA limitada, a soma de dois termos equidistantes dos extremos é igual à soma dos extremos.

Comprovando com o exemplo 21.5, a soma dos extremos é $7 + 22 = 29$, então,

$$10 + 19 = 13 + 16 = 29$$

Consequentemente, se a PA tem número ímpar de termos, o termo do meio será a média aritmética entre dois extremos.

Exemplo 21.6
Na PA (8,11, x, 17, 20), achar x.

Aplicando a propriedade acima, PA de termos ímpares, virá,

$$x = \frac{8 + 20}{2} = 14$$

21.4. Inserção de Meios Aritméticos

Sejam dois números a_1 e a_n. Desejamos inserir n outros números, chamados de meios aritméticos, entre eles, para formar uma PA de n+2 termos. O problema se resume em calcular a razão da PA, conforme (21.2c).

Exemplo 21.7
Insira cinco meios aritméticos entre os números 4 e 34 e formar a PA.

Temos: $a_1 = 4$, $a_7 = 34$ e $n = 5 + 2 = 7$; então:

$$r = \frac{34 - 4}{7 - 1} = 5$$

Donde,

PA: (4, 9, 14, 19, 24, 29, 34)

21.5. Soma dos Termos de uma PA

Representando por S_n a soma dos seus termos da PA (21.1a), temos:

$$S_n = a_1 + a_2 + a_3 + \ . \ . \ . + a_n$$

Reescrevendo-a comutando os termos, virá,

$$S_n = a_n + \ a_{n-1} + . \ . \ . + a_2 + a_1)$$

Somando membro a membro, obtemos:

$$2S_n = (a_1 + a_n) + (a_2 + a_{n-1}) + \ . \ . \ . + (a_{n-1} + a_2) + (a_n + a_1)$$

Como cada soma entre parênteses representa a soma de dois termos equidistantes dos extremos, segue-se que todas as parcelas são iguais entre si, e como são n parcelas iguais, isto é, $(a_1 + a_n)n$, podemos concluir que:

$$2S_n = (a_1 + a_n)n$$

Donde,

$$S_n = \frac{(a_1 + a_n)n}{2} \qquad (21.3a)$$

(21.3a) pode ser colocada em função de a_1, n e r, substituindo a_n e obtemos:

$$S_n = \frac{2a_1 + (n - 1)n}{2} \qquad (21.3b)$$

Exemplo 21.8
Determine a soma dos 12 primeiros termos da PA: (4, 7, 10, . . .).

Substituindo os dados n = 12, $a_1 = 4$, r = 7 – 4 = 3; $a_{12} = 4 + 11x3 = 37$ em (21.3b), virá,

$$S_n = \frac{(4 + 37)\cdot 12}{2} = 246$$

Exemplo 21.9
Indique a soma dos n primeiros números naturais: 1, 2, 3, . . . e calcule a soma para n = 100.

Neste caso, temos: $a_1 = 1$, $r = 1$, e $a_n = 1 + (n - 1) = n$; então, por (21.3a), virá:

$$S_n = \frac{(1 + n)\, n}{2} \tag{21.3c}$$

Substituindo os dados em (11.3c), virá,

$$S_n = \frac{(1 + 100)100}{2} = 5.050$$

21.6. Progressão Geométrica

Progressão Geométrica, PG, é a sucessão na qual cada termo, a partir do segundo, é igual ao termo precedente multiplicado algebricamente a uma quantidade fixa, denominada razão, q.

A PG é limitada se tem um número finito de termos e ilimitada se tem uma infinidade de termos.

Representação geral de uma PG limitada com n termos:

$$PG: (a_1, a_2, a_3, \ldots, a_n) \tag{21.4a}$$

Por definição,

$$a_2 = a_1 \cdot q\ ;\ a_3 = a_2 \cdot q\ ;\ \ldots\ ;\ a_n = a_{n-1} \cdot q \tag{21.4b}$$

em que a_n é termo geral da PG. Note-se que decorre de (21.4b), que:

$$q = \frac{a_2}{a_1} = \frac{a_3}{a_2} = \ldots = \frac{a_n}{a_{n-1}} \tag{21.4c}$$

A PG é crescente se $q > 1$ e decrescente se $q < 1$. Veja:

PG: (4, 8, 16, 32, 64); PG crescente limitada, $q = 2$;

PG: (75, 15, 3, 3/5, 3/25); PG decrescente limitada, $q = 1/5$;

PG: (a, b, c, d, ...); PG geral ilimitada

21.7. Cálculo do Termo Geral da PG

Retomemos as igualdades decorrentes da definição de PG, estabelecidas em (21.4b). Por definição, temos:

$$a_2 = a_1 \cdot q$$

$$a_3 = a_2 \cdot q$$

$$\cdots\cdots\cdots$$

$$a_n = a_{n-1} \cdot q$$

Multiplicando ordenadamente estas (n – 1) igualdades e eliminando os termos comuns, obtemos:

$$a_n = a_1 \cdot q^{n-1} \qquad (21.5a)$$

De (21.5a), tiramos os valores dos demais termos:

$$a_1 = \frac{a_n}{q^{n-1}} \qquad (21.5b)$$

$$q = \sqrt[n-1]{\frac{a_n}{a_1}} \qquad (21.5c)$$

O número de termos é calculado resolvendo a exponencial:

$$q^{n-1} = \frac{a_n}{a_1} \qquad (21.5d)$$

Em geral, obtém-se n usando logaritmos, assunto este que será visto no item 22, adiante.

Exemplo 21.10
Ache o sétimo termo na PG (2, 6, 18, . . .).

Levando os dados $a_1 = 2$, $q = 6/2 = 3$, $n = 7$ em (21.5a), virá:

$$a_6 = 2 \cdot 3^{7-1} = 2 \cdot 3^6 = 1.458$$

Exemplo 21.11
Em uma PG, o quinto termo é 243 e q = 3. Ache o primeiro termo.

Sendo, $a_6 = 768$, $q = 3$ e $n = 5$ em (21.5b), virá:

$$a_1 = \frac{243}{3^4} = \frac{243}{81} = 3$$

Exemplo 21.12
Numa PG, $a_1 = 729$ e o quinto termo é 9, determine a razão.

Sendo, $a_1 = 729$, $a_5 = 9$, e $n = 5$, em (21.5c), virá:

$$q = \sqrt[4]{\frac{9}{729}} = \frac{1}{3}$$

Exemplo 21.13
Numa PG, o primeiro termo é 9 e o quinto termo é 2.304 e razão é 4. Calcule o número de termos.

Sendo $a_1 = 9$, $a_5 = 2.304$, $q = 4$, em (21.5d), virá:

$$4^{n-1} = \frac{2.304}{9} = 256$$

Como $256 = 4^4$, teremos

$$4^{n-1} = 4^4$$

Sendo as bases iguais, os expoentes também serão, isto é,

$$n - 1 = 4 \text{ e } n = 5$$

Exemplo 21.14
Numa PG, a soma do segundo termo com o quarto é 60, e a diferença do quarto termo com o segundo é 48. Sendo 2 o primeiro termo, determine os termos desconhecidos.

Do enunciado, temos: $a_2 + a_4 = 60$ e $a_4 - a_2 = 48$

Sendo $a_1 = 2$, reescrevemos as equações acima como:

$$2\,q + 2\,q^3 = 60$$

$$2\,q^3 - 2\,q = 48$$

Resolvendo o sistema, obtemos $q = 3$, então:

$$a_2 = 2 \times 3 = 6$$

$$a_4 = 2 \times 3^3 = 54$$

21.8. Propriedades da PG

1ª) Na PG, a partir do segundo termo, cada termo é a média geométrica entre seus termos contíguos (antecedente e consequente).

Sejam os termos consecutivos a_{n-1}, a_n e a_{n+1} da definição de razão da PG, temos:

$$\frac{a_n}{a_{n-1}} = \frac{a_{n+1}}{a_n}$$

donde,

$$a_n = \sqrt{a_{n+1} \cdot a_{n-1}} \qquad (21.6a)$$

2ª) Na PG limitada, o produto de dois termos equidistantes dos extremos é igual ao produto dos extremos.

Veja um exemplo para conferir a propriedade. Na PG (3, 6, 12, 24, 48, 96), temos

$$12 \times 24 = 3 \times 95 \text{ e } 6 \times 48 = 3 \times 96 = 288$$

Por consequência, se a PG tem número ímpar de termos, o termo do meio será a média geométrica dos extremos.

Na PG (a, b, c), devemos ter:

$$b = \sqrt{a \cdot c} \qquad (21.6b)$$

21.9. Inserção de Meios Geométricos

Inserir n meios geométricos entre dois termos de uma PG requer a determinação da razão, q, para formar a PG de n+2 termos, tendo como extremo os números dados.

Exemplo 21.15
Insira 4 meios geométricos entre 5 e 160.
Substituindo os dados $a_1 = 5$, $a_n = 160$ e $n = 4 + 2 = 6$ em (21.5c),

$$q = \sqrt[6-1]{\frac{160}{5}} = \sqrt[5]{32} = \sqrt[5]{2^5} = 2$$

21.10. Soma dos Termos de uma PG Decrescente Limitada

Na PG geral, vimos que, da definição de razão, obtivemos (21.5c), ou seja,

$$q = \frac{a_2}{a_1} = \frac{a_3}{a_2} = \ldots = \frac{a_n}{a_{n-1}} \qquad (1)$$

Usando a propriedade das proporções, (12.1h), podemos escrever (1), como:

$$q = \frac{a_2 + a_3 + \ldots + a_n}{a_1 + a_2 + \ldots + a_{n-1}} \qquad (2)$$

Sendo $S_n = a_1 + a_2 + a_3 + \ldots + a_n$, podemos reescrever (2), como:

$$\frac{S_n - a_1}{S_n - a_n} = q \qquad (3)$$

Tirando o valor de S_n, adequando a equação, obtemos:

$$S_n = \frac{a_n \cdot q - a_1}{q - 1} \qquad (21.7a)$$

Sendo $a_n \cdot q - a_{n+1}$, também temos:

$$S_n = \frac{a_{n+1} - a_1}{q - 1} \qquad (21.7b)$$

Por sua vez, $a_{n+1} = a_1 \cdot q^n$, e, pondo a_1 em evidência, teremos a 3º expressão da soma dos termos da PG:

$$S_n = a_1 \cdot \frac{(q^n - 1)}{q - 1} \qquad (21.7c)$$

Exemplo 21.16
Ache a soma dos 7 primeiros termos da PG, sendo 5 o primeiro e a razão 2.

Substituindo os dados em (21.7c), virá:

$$S_n = 5 \cdot \frac{2^7 - 1}{2 - 1} = 635$$

Para efeito de análise, reescrevemos (21.7c) como:

$$S_n = \frac{a_1}{1 - q} - \frac{a_1 \cdot q^n}{1 - q} \qquad (21.7d)$$

Para uma PG decrescente ilimitada, $q < 1$, à medida em que n cresce, a segunda fração decresce, para n grande ela se torna desprezível, restando apenas a primeira fração, $a_1/1 - q$.

Então, podemos tratar a questão como limite de S_n, quando $n \to \infty$, e escrevemos:

$$\lim_{n \to \infty} S_n = \frac{a_1}{1 - q} \qquad (21.7e)$$

Exemplo 21.17
Ache a soma dos termos da PG (1/2 ,1/4, 1/8, . . .).

Substituindo os dados $a_1 = ½$ e $q = ¼ \div ½ = ½$ em (21.7e), virá:

$$\lim_{n \to \infty} S_n = \frac{½}{1 - ½} = 1$$

É usual omitir-se o limite, escrevendo apenas S.

Exemplo 21.18
Ache a soma dos termos da PG (1/2 ,1/6, 1/18, . . .).

Substituindo os dados $a_1 = 1/2$ e $q = 1/6/1/2 = 1/3$ em (21.7e), virá:

$$S_n = \frac{1/2}{1 - 1/3} = \frac{3}{4}$$

21.11. Produto dos Termos de uma PG

Denotando por P_n o produto dos n termos da PG geral, (21.4a), temos:

$$P_n = a_1 \cdot a_2 \cdot a_3 \cdot \ \ldots \cdot a_{n-1} \cdot a_n \qquad (1)$$

Invertendo a ordem dos fatores, virá:

$$P_n = a_n \cdot a_{n-1} \cdot a_{n-2} \cdot \ \ldots \cdot a_2 \cdot a_1 \qquad (2)$$

Multiplicando ordenadamente (1) e (2), reunindo dois a dois os fatores, obtemos:

$$P_n^2 = (a_1 \cdot a_n)\,(a_2 \cdot a_{n-1}) \ldots (a_{n-1} \cdot a_2)\,(a_n \cdot a_1) \quad (3)$$

Note que os n produtos nos parênteses são todos iguais entre si, de modo que podemos reescrever (3) como:

$$P_n^2 = (a_1 \cdot a_n)^n$$

Portanto,

$$P_n = \sqrt{(a_1 \cdot a_n)^n} \qquad (21.8)$$

Exemplo 21.19
Ache o produto dos 9 primeiros termos da PG (1/16 ,1/8, 1/4, . . .).
Dados: $a_1 = 1/16 = 2^{-4}$, $q = 1/8:1/16 = 2$ e $n = 9$; então,

$$a_n = 2^{-4} \cdot 2^{9-1} = 2^4$$

Então, por (21.8), virá:

$$P_8 = \sqrt{(2^{-4} \cdot 2^4)^9} = 1$$

Exemplo 21.20
Numa PG, o produto do terceiro termo pelo quarto é igual a 972, e o quociente do quinto termo pelo primeiro termo é 81. Ache esses termos desconhecidos.

Traduzindo o enunciado, temos:

$$a_3 \cdot a_4 = 972$$

$$\frac{a_5}{a_1} = 81$$

ou melhor:

$$a_1 q^2 \cdot a_1 q^3 = 972 \qquad (1)$$

$$\frac{a_1 q^3}{a_1} = 81 \qquad (2)$$

De (2), obtemos:

$$q^3 = 81 = 3^3 \rightarrow q = 3$$

De (2), virá:

$$a_1^2 \cdot q^5 = 972$$

Substituindo $q^5 = 3^5 = 243$ e tirando o valor de a_1^2, obtemos:

$$a_1^2 = \frac{972}{243} = 4 \rightarrow a_1 = 2$$

Os termos são: $a_1 = 2$, $a_3 = 2 \cdot 3^2 = 18$, $a_4 = 18 \text{ x } 3 = 54$ e $a_5 = 54 \text{ x } 3 = 162$.

22 – FUNÇÃO EXPONENCIAL

Seja a um número real positivo, diferente de 1, tomado como base, e x a variável ligada a ele como expoente.

Define-se a função exponencial, y, pela expressão

$$y = a^x \tag{22.1}$$

Lê-se: y é igual a "a elevado a x".

A função exponencial tem representação gráfica, dada pela curva exponencial, pertinente, esboçada no plano cartesiano, onde os valores de x (domínio) são marcados no eixo das abscissas, e os valores de y (contradomínio ou imagem) são locados no eixo das ordenadas. Vejamos os exemplos.

Exemplo 22.1

Construir a curva exponencial de $y = 2^x$.

1º passo: elaborar a tabela de valor de x e y, como a seguinte:

x:	$-\infty$	...	-3	-2	-1	0	1	2	3	...	∞
y:	0	...	2^{-3}	2^{-2}	2^{-1}	2^{0}	2^{1}	2^{2}	2^{3}	...	∞

(22.2)

2º passo: plotar os valores tabelados no plano cartesiano, e a curva exponencial é dada na Figura 22 (a).

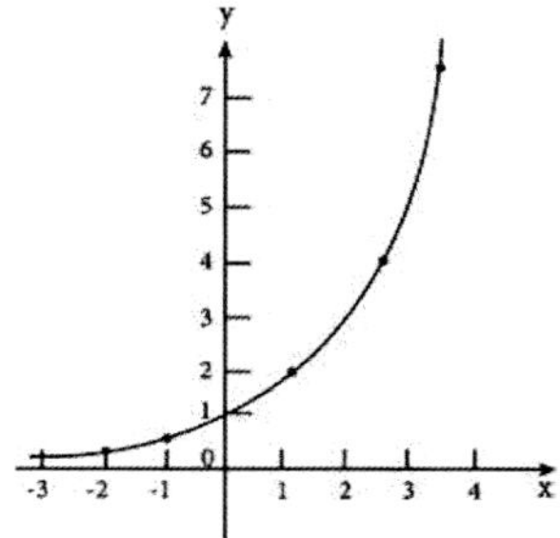

Fig. 22(a)

Exemplo 22.2

Construa a curva exponencial de $y = 2^{-x} = \dfrac{1}{2^x}$.

A tabela de valor de x e y é:

$$\begin{aligned} &x: \ -\infty \mid \ldots \mid -3 \mid -2 \mid -1 \mid 0 \mid 1 \mid 2 \mid 3 \mid \ldots \mid \infty \\ &y: \ \infty \mid \ldots \mid 2^3 \mid 2^2 \mid 2^1 \mid 2^0 \mid 2^{-1} \mid 2^{-2} \mid 2^{-3} \mid \ldots \mid 0 \end{aligned} \qquad (22.3)$$

Locando os valores tabelados, a curva exponencial é dada na Figura 22(b).

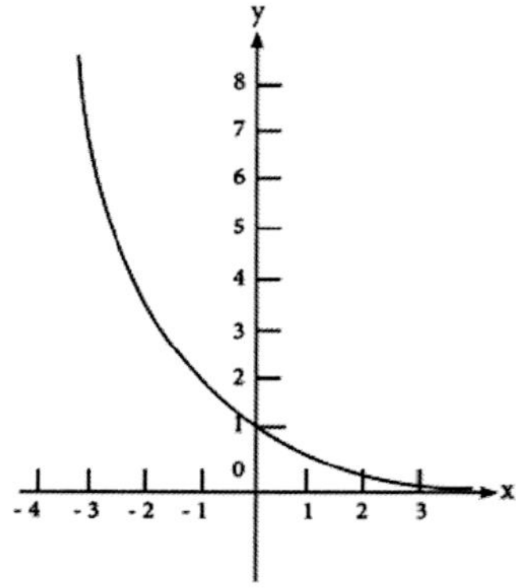

Fig. 22(b)

22.1. Equações Exponenciais

O estudo da função exponencial leva naturalmente a duas questões:
(i) equações exponenciais; e (i) logaritmos, e estes a equações logarítmicas.

Equação exponencial é a que tem expoente como incógnita. As equações exponenciais classificam-se em simples, como $a^x = b$, e composta, como $a^{x+c} = b$ e cada uma delas pode ser de 1ª ordem, 2ª ordem e 3ª ordem, como nos exemplos:

De 1ª ordem: $a^x = b$, de 2ª ordem: $a^{b^x} = c$, $a^{b(x+c)} = d$; e de 3ª ordem: $a^{b^{c^x}} = d$.

Exemplo 22.3

Resolva as equações exponenciais: (i) $16^x = 8$; (ii) $3^{2^x} = 81$.

Para resolver cada uma, usam-se as propriedades das potências:

$$\text{(i) } 16^x = 8 \rightarrow 2^{4x} = 2^3 \rightarrow x = 3/4$$

$$\text{(ii) } 3^{2^x} = 81 \rightarrow 3^{2^x} = 3^4 \rightarrow 2^x = 4 \rightarrow x = 2$$

Exemplo 22.4

Resolva as equações exponenciais: (i) $2^{x+2} + 2^x = 40$; (ii) $3^{x+1} + 3^{x-1} = 90$.

(i) $2^x \cdot 2^2 + 2^x = 40$

Evidenciando 2^x, virá

$$2^x (2^2 + 1) = 40$$

$$5 \cdot 2^x = 40$$

$$2^x = 8$$

$$2^x = 2^3 \rightarrow x = 3$$

(ii) $$3^{x+1} + 3^{x-1} = 90$$

$$3^x \cdot 3 + \frac{3^x}{3} = 90$$

Multiplicando ambos os membros por 3, obtemos:

$$9 \cdot 3^x + 3^x = 270$$

Donde,

$$3^x = 3^3$$

$$x = 3$$

Exemplo 22.5

Resolva a equação exponencial $4^x + 32 = 3 \cdot 2^{x+2}$.

Temos:

$$(2^2)^x + 32 = 3 \cdot 2^2\, 2^x$$

$$(2^x)^2 + 32 = 12 \cdot 2^x$$

Pondo $2^x = y$, na equação acima, virá

$$y^2 + 32 = 12\, y$$

ou melhor,

$$y^2 - 12y + 32 = 0$$

Cujas raízes são: $y_1 = 4$ e $y_2 = 8$; donde os valores: $x_1 = 2$ e $x_2 = 3$.

Exemplo 22.6

Resolva a equação exponencial $2^{(x-3)(x-2)} = 1$.

Temos: $2^{(x-3)(x-2)} = 1$

$$2^{x^2 - 5x + 6} = 2^0$$

Donde,

$$x^2 - 5x + 6 = 0$$

Resolvendo a equação:

$$x = \frac{5 \pm \sqrt{5^2 - 4 \cdot 1 \cdot 6}}{2 \cdot 1} = \frac{5 \pm 1}{2}$$

Encontram-se as raízes: $x_1 = 3$ e $x_2 = 2$

Exemplo 22.7

Resolva a equação exponencial $\sqrt{4 \cdot 4^{(x+1)/2}} = 2^{2x-3}$.

Temos:

$$\sqrt{4 \cdot 4^{(x+1)/2}} = 2^{2x-3}$$

$$\sqrt{2^2 \cdot \left(2^2\right)^{(x+1)/2}} = 2^{2x-3}$$

$$\sqrt{2^{x+3}} = 2^{2x-3}$$

$$2^{(x+3)/2} = 2^{2x-3}$$

Donde,

$$\frac{x+3}{2} = 2x - 3$$

$$x + 3 = 4x - 6$$

$$x = 3$$

23 – LOGARITMOS

Função Logarítmica é a função inversa da função exponencial, anota-se:

$$\log_a x = y \qquad (23.1a)$$

Onde $\log_a$ é a abreviatura de logaritmo, na base a, e $\log_a x$ lê-se: logaritmo de x na base a. A base é sempre um número real, positivo, e diferente de 0 e de 1.

Define-se logaritmo de um número N = x , real positivo, como o expoente que se deve elevar a base para se obter o número dado, ou seja,

$$\log_a N = y \quad \leftrightarrow \quad a^y = N \qquad (23.1b)$$

Este é o conceito algébrico de logaritmo, em que y é o logaritmo na base a e N é o antilogaritmo. A exponencial de (23.1b) faculta que se anote:

$$N = a^{\log_a N} \qquad (23.1c)$$

Exemplo 23.1
Expresse o logaritmo de 49 na base 7 e dê o seu valor.

Temos:

$$\log_7 49 = y \leftrightarrow 7^y = 49 = 7^2$$

Donde $\qquad y = 2$

A função logarítmica (23.1a) é representada graficamente pela curva logarítmica, pertinente, esboçada no plano cartesiano, com os valores de x, marcados no eixo das abscissas e constitui o domínio, e os valores de y, locados no eixo das ordenadas, o contradomínio ou imagem. A curva logarítmica da função (23.1a), para $a > 1$, está esboçada na fig.23.1(a), e a mesma função, para $0 < a < 1$, está dada na fig.23.1(b).

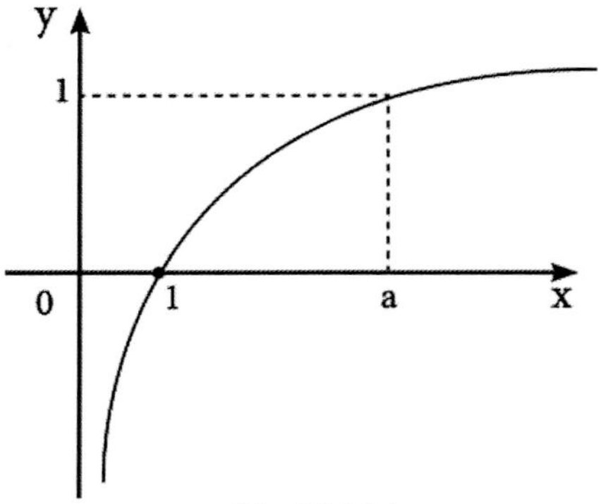

Fig.23.1(a)

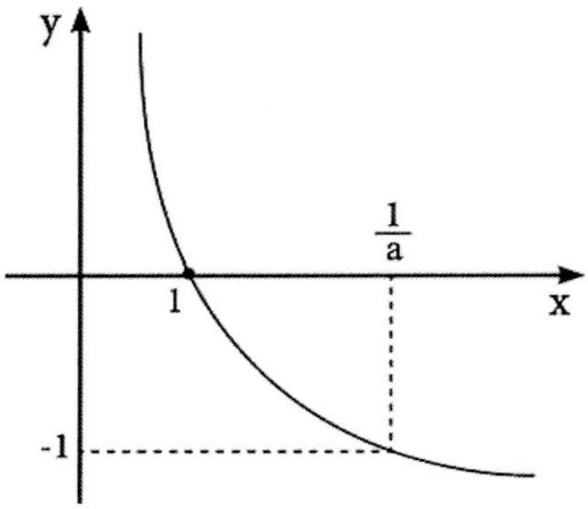

Fig.23.1(b)

Exemplo 23.1
Construir a curva logarítmica de $y = \log_2 x$.

1º passo: elaborar a tabela de valor de x e y, como a seguinte:

$$
\begin{array}{lll}
x: & 0 \mid \ldots \mid 2^{-3} \mid 2^{-2} \mid 2^{-1} \mid 2^{0} \mid 2^{1} \mid 2^{2} \mid 2^{3} \mid \ldots \mid \infty & \text{(PG)} \\
y: & -\infty \mid \ldots \mid -3 \mid -2 \mid -1 \mid 0 \mid 1 \mid 2 \mid 3 \mid \ldots \mid \infty & \text{(PA)}
\end{array}
\qquad (23.2a)
$$

2º passo: plotar os valores tabelados no plano cartesiano, e a curva exponencial é dada na fig.23.2(a).

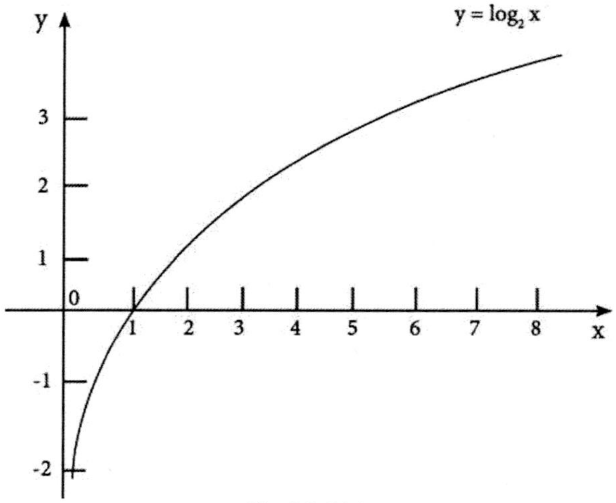

Fig.23.2(a)

Exemplo 23.2
Construir a curva logarítmica de $y = \log_{1/2} x$

A tabela de valor de x e y:

$$x: \; 0 \mid \ldots \mid 2^{-3} \mid 2^{-2} \mid 2^{-1} \mid 2^{0} \mid 2^{1} \mid 2^{2} \mid 2^{3} \mid \ldots \mid \infty \qquad \text{(PG)}$$

$$y: \; \infty \mid \ldots \mid 3 \mid 2 \mid 1 \mid 0 \mid -1 \mid -2 \mid -3 \mid \ldots \mid -\infty \qquad \text{(PA)} \qquad (23.2b)$$

Locando os valores tabelados, a curva exponencial é dada na fig.23.2(b).

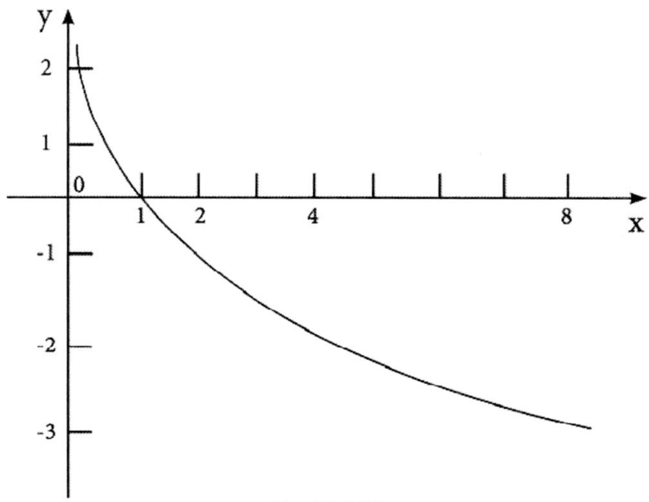

Fig.23.2(b)

Analisando a tabela (23.2a), podemos ver que os valores de x são os termos da PG de razão 2, que estão em correspondência com os valores de y, que são os termos da PA, de razão 1. O mesmo se observa para a tabela (23.2b). O conjunto PG, PA, constitui um *sistema de logaritmos*, no conceito aritmético, que aliás foi desse modo que os logaritmos foram inventados.

Num sistema de logaritmo, os termos da PG são os antilogaritmos e os termos da PA, os logaritmos correspondentes.

Seja a PG, de base $a > 0$ e $a \neq 1$, e razão $q = a$, cujos termos estão em correspondência com os termos da PA, de razão, $r = 1$. Então:

$0, \ldots, a^{-n}, \ldots, a^{-2}, a^{-1}, 1, a, a^2, \ldots, a^n, \ldots, \infty$ (Número)

$-\infty, \ldots, -n, \ldots, -2, -1, 0, 1, 2, \ldots, n, \ldots, \infty$ (logaritmo)

Neste sistema de logaritmos de base a, já podemos estabelecer as seguintes propriedades:

(i) $\log_a 1 = 0 \leftrightarrow a^0 = 1$

(ii) $\log_a a = 1 \leftrightarrow a^1 = a$

(iii) $\log_a a^{\pm n} = \pm n$

(iv) $\log 0 = -\infty$

(v) $\log +\infty = +\infty$

(v) Para um número N, que não é potência de expoente inteiro da base, ele terá logaritmo positivo, se $N > 1$, e logaritmo negativo, se $N < 1$.

Exemplo 23.3
Calcule os logaritmos: (i) $\log_2 16 = x$; (ii) $\log_{1/2} 8 = x$, (iii) $\log_{16} 4 = x$; (iv) $\log_{\sqrt{2}} 4 = x$.

Usando a definição, temos:

$$(i)\log_2 16 = x \leftrightarrow 2^x = 16 \rightarrow 2^x = 2^4 \rightarrow x = 4$$

$$(ii)\log_{1/2} 8 = x \leftrightarrow \left(\frac{1}{2}\right)^x = 8 \rightarrow 2^{-x} = 2^3 \rightarrow x = -3$$

$$(iii)\log_{16} 4 = x \leftrightarrow 16^x = 4 \rightarrow 2^{4x} = 2^2 \rightarrow x = \frac{1}{2}$$

$$(v)\log_{\sqrt{2}} 4 = x \leftrightarrow \left(\sqrt{2}\right)^x = 2^2 \rightarrow 2^{x/2} = 2^2 \rightarrow x = 4$$

23.1. Propriedades Gerais dos Logaritmos

1ª) O logaritmo de um produto é a soma dos logaritmos dos fatores:

$$\log_a (N_1 \cdot N_2) = \log_a N_1 + \log_a N_2$$

Demonstração:

$$\log_a N_1 = x_1 \leftrightarrow a^{x_1} = N_1$$
$$\log_a N_2 = x_2 \leftrightarrow a^{x_2} = N_2$$

multiplicando membro a membro os últimos resultados, temos:

$$a^{x_1} \cdot a^{x_2} = N_1 \cdot N_2$$

Passando a forma exponencial para a forma logarítmica, virá,

$$\log_a N_1 \cdot N_2 = x_1 + x_2$$

$$\log_a N_1 \cdot N_2 = \log_a N_1 + \log_a N_2$$

Este resultado pode ser generalizado, e temos:

$$\log_a (N_1 \cdot N_2 \cdot \ldots \cdot N_n) = \log_a N_1 + \log_a N_2 + \ldots + \log_a N_n \qquad (23.2a)$$

2ª) Logaritmo do quociente é a diferença do logaritmo do dividendo e o logaritmo do divisor:

$$\log_a \frac{N_1}{N_2} = \log_a N_1 - \log_a N_2 \qquad (23.2b)$$

De forma análoga, temos:

$$a^{x_1} = N_1$$
$$a^{x_2} = N_2$$

Dividindo ordenadamente, temos:

$$\frac{a^{x_1}}{a^{x_2}} = \frac{N_1}{N_2}$$

$$a^{x_1 - x_2} = \frac{N_1}{N_2}$$

$$\log_a \frac{N_1}{N_2} = \log_a N_1 - \log_a N_2 \qquad (23.2b)$$

3ª) O logaritmo da potência de um número é o produto do expoente pelo logaritmo do número:

$$\log_a N^n = n \cdot \log_a N \qquad (23.2c)$$

Por definição, temos:

$$\log_a N^n = \underbrace{\log_a N + \log_a N + \ldots + \log_a N}_{n \text{ vezes}} = n \cdot \log_a N$$

4ª) O logaritmo da raiz de um número é o quociente do logaritmo do número pelo índice da raiz:

$$\log_a \sqrt[n]{N} = \frac{\log_a N}{n}$$

$$\log_a \sqrt[n]{N} = \log_a N^{1/n} = \frac{1}{n}\log_a N \qquad (23.2d)$$

Para cada propriedade acima, a recíproca é verdadeira.

23.2. Sistemas de Logaritmos

Credita-se a Burgi, Joost (1552-1632), matemático suíço, quem teve a primeira ideia de logaritmo. De forma independente, Neper ou Napier, John (1550-1617), matemático e astrônomo escocês, inventou um sistema de cálculo que ficou conhecido como logaritmos naturais; na mesma época, Briggs, Henry (1561-1630), matemático escocês, após intercâmbio com Napier, desenvolveu o sistema decimal de logaritmos. Contudo, o crédito da descoberta do logaritmo ficou com estes dois, porque Burgi só publicou a sua descoberta seis anos depois das divulgações das descobertas de Neper e Briggs.

Os logaritmos tornaram-se ferramentas bastante úteis no cálculo numérico e nas aplicações científicas. Os dois sistemas de logaritmos são assim denominados:
(i) Sistema Decimal ou de Briggs; e (ii) Sistema Natural ou de Napier.

23.3. Sistema Decimal de Logaritmos

Sistema decimal de logaritmo é o que tem a base 10. Anota-se, log, ficando subentendido a base, a = 10.

Para as potências de 10, o sistema decimal de logaritmo é representado pela combinação da PA, de r = 1 e com a PG, de q = 10, como se segue.

$$0, \ldots, 10^{-n}, 10^{-(n-1)}, \ldots, 10^{-2}, 10^{-1}, 1, 10, 10^{2}, \ldots, 10^{n}, \ldots, \infty \qquad \text{(PG)}$$

$$-\infty, \ldots, -n, -(n-1), \ldots, -2, -1, 0, 1, 2, \ldots, n, \ldots, \infty \qquad \text{(PA)}$$

Este quadro mostra que o logaritmo decimal da potência de 10, de expoente inteiro, é o próprio expoente, ou seja,

$$\log 10^{n} = n \qquad (1)$$

$$\log 10^{-n} = -n \qquad (2)$$

Exemplo: 23.4
Ache o logaritmo decimal dos números: (i) 10.000; (ii) 0,0001.

Sendo: $10.000 = 10^{4}$ e $0{,}000\,1 = 10^{-4}$, virão:

$$\text{(i) } \log 10^{4} = 4\ ; \ \text{(ii) } \log 10^{-4} = -4$$

Com efeito, se o número não é potência de 10 de expoente inteiro, ele será expresso na forma decimal, cuja parte inteira é chamada característica, e a parte decimal é denominada mantissa. A mantissa é habitualmente fornecida em tabela.

Para a determinação da característica do logaritmo de um número, consideram-se dois casos:

(i) Para N > 1, a característica é dada pelo número de algarismos da parte inteira menos 1;

(ii) Para N < 1, a característica é dada por tantas unidades negativas quantos são os zeros que precedem o primeiro algarismo significativo, inclusive o zero antes da vírgula.

Exemplo 23.5
Ache o x da equação $13^{x+1} = 2.197$, usando o logaritmo decimal.

Aplicando o logaritmo decimal, temos:

$$\log 13^{x+1} = \log 2.197$$

$$(x + 1) \log 13 = \log 2.197$$

Donde,

$$x = \frac{\log 2.197}{\log 13} - 1$$

usando máquina de calcular, obtemos os logaritmos dos números indicados:

$$x = \frac{3{,}341\ 830\ 057}{1{,}113\ 943\ 252} - 1$$

$$x = 2$$

Exemplo 23.6
Ache o logaritmo decimal de (i) 31,41; (ii) 3,141; (iii) 3.141; (iv) 0,003 141
É evidente que

(i) $10^1 < 31{,}4 < 10^2$

(ii) $10^0 < 3{,}14 < 10^1$

(iii) $10^3 < 3.141 < 10^4$

(iv) $10^{-3} < 0{,}003\ 141 < 10^{-2}$

Em cada comparação acima, a característica de cada número maior que 1 é tomada do limite inferior, conforme a regra dada acima e as mantissas tirada de tabela ou recorrendo-se a máquina de calcular.

O valor de cada logaritmo é a soma da sua característica com a mantissa, e assim temos:

(i) $\log 31{,}41 = 1 + 0{,}497\ 067\ 936 = 1{,}497\ 067\ 936$

(ii) $\log 3{,}141 = 0 + 0{,}497\ 067\ 936 = 0{,}497\ 067\ 936$

(ii) $\log 3.141 = 3 + 0{,}497\ 067\ 936 = 3{,}\ 497\ 067\ 936$

(iv) $\log 0{,}003\ 141 = -3 + 0{,}497\ 067\ 936$

No caso (iv), a característica, –3, é posta como $\bar{3}$, e o logaritmo é chamado de logaritmo preparado:

$$\log 0{,}003\ 141 = \bar{3}{,}497\ \ 067\ \ 936$$

Efetuando a operação indicada em (iv), obtemos: –2,502 932 064, que é o logaritmo negativo com característica e mantissa negativa, – 2 –0,502 932 064; como a mantissa não pode ser negativa, para torná-la positiva, soma-se a ele +1 –1, e temos:

$$+1 - 1 - 2 - 502\ 932\ 064 = -\ 3 + 0{,}497\ 067\ 936 = \bar{3}{,}497\ 067\ 936$$

Nestes casos em tela, a mantissa permaneceu inalterada porque os antilogaritmos em questão estão divididos ou multiplicados por uma potência de 10.

23.4. Operações com Logaritmos Preparados

• Adição: dados dois ou mais logaritmos preparados, a soma deles é obtida somando-se as mantissas e, algebricamente, as características.

Por exemplo: $\overline{2},079 + 3,398 = 1,477$

• Multiplicação de logaritmo preparado por um número ou outro logaritmo:

Multiplica-se a característica mantissa pelo número e a característica também, somando-se algebricamente as partes inteiras da característica e do produto da mantissa.

Seja o produto:

$$\overline{1},477 \times 3 = (-1 + 0,477) \times 3 = -3 + 1,431 = \overline{2},431$$

• Divisão de logaritmo preparado por um número. À divisão de dois logaritmos preparados, transforma-os em logaritmos negativos, efetua a divisão; e se o quociente resultar num logaritmo negativo, transforma-se-o em logaritmo preparado.

Sejam as divisões:

$$\frac{\overline{12},556}{4} = \frac{-12 + 0,556}{4} = -\overline{3} + 0,139 = \overline{3},139$$

$$\frac{\overline{2},301}{1,456} = \frac{-1,699}{1,456} = -1,167 = \overline{2},833$$

23.5. Cologaritmo

Cologaritmo de um número N é o logaritmo do inverso do número. Abrevia-se colog, tem-se da definição:

$$\text{colog N} = \log \frac{1}{N} = \log 1 - \log N = -\log N$$

Então, para encontrar o colog de um número, toma-se o negativo do log N.

Exemplo 23.7
Dado log 31,41 = 1,497 067 936, ache o cologaritmo.

Temos

$$\text{colog } 31{,}41 = -\log 31{,}41 = -1{,}497\ 067\ 936$$

$$\text{colog } 31{,}41 = -1 - 0{,}497\ 067\ 936$$

Como a mantissa tem que ser positiva, usa-se o artifício de somar +1 – 1 ao resultado, como se segue:

$$\text{colog } 31{,}41 = -1 - 0{,}497\ 067\ 936 + 1 - 1$$

$$\text{colog } 31{,}41 = -2 + 1 - 0{,}497\ 067\ 936$$

$$\text{colog } 31{,}41 = -2 + 0{,}502\ 932\ 064$$

$$\text{colog} 31{,}41 = \bar{2}{,}502\ 932\ 064$$

onde, por convenção, colocamos sobre a característica o sinal de menos. Usa-se o cologaritmo para expressar o logaritmo do quociente como uma soma.

Por (23.2b), teremos:

$$\log \frac{N_1}{N_2} = \log N_1 + \text{colog } N_2 \qquad (23.2b')$$

23.6. Mudança de Base

Seja a situação em que queremos o logaritmo de N na base, a, mas só dispomos do logaritmos na base b. Então temos que calcular $\log_a N$ em função do $\log_b N$.

Temos:

$$\log_b N = z \leftrightarrow b^z = N \qquad (1)$$

e Queremos,

$$\log_a N = x \leftrightarrow a^x = N \qquad (2)$$

donde,

$$a^x = b^z \tag{3}$$

Aplicando em (3) o logaritmo de base b, conhecida, virá

$$x \cdot \log_b a = z \cdot \log_b b$$

Substituindo os valores de x e z, virá

$$\log_a N \cdot \log_b a = \log_b N$$

Donde,

$$\log_a N = \log_b N \cdot \frac{1}{\log_b a} \tag{23.2a}$$

em que $1/\log_b$ é chamado de módulo de mudança de base.

Exemplo 23.8
Ache $\log_2 64$, conhecendo-se $\log_4 64 = 3$

Temos:

$$\log_2 64 = \log_4 64 \cdot \frac{1}{\log_4 2}$$

$$\log_2 64 = 3 \cdot 2 = 6$$

Exemplo 23.9
Ache $\log_2 16$, se dispomos de log 2.

Temos,

$$\log_2 16 = \log 16 \cdot \frac{1}{\log 2}$$

Como, $\log 16 = \log 2^4 = 4 \cdot \log 2$, virá:

$$\log_2 16 = 4 \cdot \log 2 \cdot \frac{1}{\log 2} = 4$$

Exemplo 23.10
Ache x na equação $7^x = 130$, dispondo-se de logaritmos decimais.

Aplicando logaritmo base 7, temos:

$$\log_7 7^x = \log_7 130$$
$$x = \log_7 130$$

Fazendo a mudança da base 7 para a base 10, virá,

$$\log_7 130 = \frac{\log 130}{\log 7} = \frac{2{,}113\ 943\ 352}{0{,}845098\ 04} = 2{,}501\ 417\ 886$$

Obs: os valores dos logaritmos decimais foram colhidos de máquina de calcular.

23.6. Sistema Natural ou Neperiano de Logaritmos

Sistema natural ou neperiano de logaritmo é o que tem a base "e". Anota-se, ln. A base "e" é um número transcendental e irracional, que se apresenta com o valor aproximado, usual, de: e = 2,718 2 . . .

Dado um número N, o logaritmo neperiano dele é anotado como:

$$\ln N = x \quad \leftrightarrow \quad N = e^x \tag{23.3}$$

Sendo $q > 1$ e $r > 0$ e $r \neq 1$ para uma razão, r próxima de 1, fazemos $r = 1 + \varepsilon$, sendo ε uma quantidade tão pequena quanto se queira, esta possibilite que façamos, $q = 1 + \varepsilon$.

Com efeito, podemos formar um sistema natural de logaritmos, com a PA de $\varepsilon = r - 1$, em correspondência com a PG de $(1 + \varepsilon)$, que fica assim definida:

$$\begin{array}{ll} x: & 1,\ (1+\varepsilon),\ (1+\varepsilon)^2,\ (1+\varepsilon)^3,\ \ldots,\ (1+\varepsilon)^n,\ \ldots,\ \infty \\ y: & 0,\ \varepsilon,\ 2\varepsilon,\ 3\varepsilon,\ \ldots,\ n\varepsilon,\ \ldots,\ \infty \end{array} \tag{23.4a}$$

Como a base do sistema de logaritmos é o termo da PG que corresponde ao termo 1 da PA, ou seja, o termo $(1+ \varepsilon)^n$ corresponde ao termo $n\varepsilon = 1$, segue-se que $n = 1/\varepsilon$, e temos:

$$(1 + \varepsilon)^{1/\varepsilon} \qquad (1)$$

E, por ser $\varepsilon < 1$, convém redefini-lo como $\varepsilon = 1/m$; e, deste modo, à medida que m cresce, ε decrescerá indefinidamente: simbolicamente, $m \to \infty$, $\varepsilon \to 0$; e assim reescrevemos (1), como,

$$(1 + \frac{1}{m})^m \qquad (2)$$

O desenvolvimento da potência do binômio (2) oferece uma série infinita, cujo limite, Euler (1707 – 1783), matemático suíço, batizou com a letra "e" , que é definido por:

$$e = \lim_{m\to\infty} (1 + \frac{1}{m})^m \qquad (3)$$

que é a base do logaritmo natural ou neperiano.

Exemplo 23.11
Desenvolva o binômio (2) pela regra de Newton.

Usando a regra de Newton, item 3 do Apêndice, temos:

$$\left(1+\frac{1}{m}\right)^m = 1+\frac{1}{1}+\frac{1-\frac{1}{m}}{1\cdot 2}+\frac{\left(1-\frac{1}{m}\right)\left(1-\frac{2}{m}\right)}{1\cdot 2\cdot 3}+$$

$$+\frac{\left(1-\frac{1}{m}\right)\left(1-\frac{2}{m}\right)\left(1-\frac{3}{m}\right)}{1\cdot 2\cdot 3\cdot 4}+\dots$$

Note-se que as frações 1/m, 2/m, 3/m, . . . tendem a zero, quando m cresce indefinidamente, de forma que elas são desprezadas no limite, e temos:

$$e = \lim_{m \to \infty} \left(1 + \frac{1}{m}\right)^m = 1 + \frac{1}{1} + \frac{1}{2} + \frac{1}{6} + \frac{1}{24} + \frac{1}{120} + \dots$$

Efetuando a soma das 8 primeiras parcelas, achamos, 2,718 2, ou, em notação euleriana:

$$e = 2{,}718\,2\,.\,.\,. \qquad (4)$$

O cálculo de valor "e", estendido a 24 parcelas, oferece um valor mais preciso: e = 2,718 281 282 45...

Exemplo 23.12
Calcule ln N conhecendo log N.

Por (23.2a),

$$\ln N = \log N \cdot \frac{1}{\log e}$$

$$\ln N = \log N \cdot \frac{1}{0{,}434\,294\,481} = 2{,}302\,585\,093 \cdot \log N$$

23.7. Equações Logarítmicas

Equação logarítmica é toda equação que se resolve aplicando as suas propriedades gerais e recíprocas dos logaritmos, e a definição algébrica dele.

Exemplo 23.13
Resolva a equação $\log (5 \cdot 4^x) = \log 80$.

Temos:

$$\log (5 \cdot 4^x) = \log (8 \cdot 10)$$

$$\log 5 + x \cdot \log 4 = \log (2 \cdot 4) + \log 10$$

$$\log\left(\frac{10}{2}\right) + x \cdot \log 4 = \log 2 + \log 4 + \log 10$$

$$\log 10 - \log 2 + x \cdot \log 4 = \log 2 + \log 4 + \log 10$$

donde,

$$x \cdot \log 4 = 2 \cdot \log 2 + \log 4$$

$$x \cdot \log 4 = 2 \cdot \log 4$$

$$x = 2$$

Exemplo 23.14
Resolva a equação logarítmica $\log (x + 1)^2 = 2$.

Temos,

$$\log (x + 1)^2 = 2$$

$$2 \log (x + 1) = 2$$

$$\log (x + 1) = 1 \leftrightarrow (x + 1) = 10$$

Donde,

$$x = 9$$

Exemplo 23.15
Calcule o log 30, sabendo-se que $\log 3 \doteq 0{,}477\ 121\ 254$.

Temos:

$$\log 30 = \log (3 \text{ x } 10) = \log 3 + \log 10 = \log 3 + 1$$

$$\log 30 = 1{,}477\ 121\ 254$$

Exemplo 23.16
Ache o valor de x da equação $\log x + \log (x - 3) = 1$.

Temos,

$$\log x + \log (x - 3) = \log 10$$

$$\log x(x - 3) = \log 10$$

A identidade dos membros impõe que

$$x(x - 3) = 10$$

Operando e igualando a zero, temos:

$$x^2 - 3x - 10 = 0$$

Resolvendo a equação do 2º grau, obtemos

$$x_1 = 5 \text{ e } x_2 = -2$$

raízes que satisfazem a equação logarítmica.

Exemplo 23.17
Resolva o sistema de equações logarítmicas:

$$\log(4x - 2y) - \log 8 = 0$$

$$\log(3x + y) - \log 11 = 0$$

Tendo em conta que log 1 = 0, reanotamos o sistema como:

$$\log(4x - 2y) - \log 8 = \log 1$$

$$\log(3x + y) - \log 11 = \log 1$$

Aplicando a recíproca da propriedade da divisão, podemos concluir:

$$\log \frac{4x - 2y}{8} = \log 1$$

$$\log \frac{3x + y}{11} = \log 1$$

Donde,

$$4x - 2y = 8$$

$$3x + y = 11$$

Resolvendo o sistema, encontramos:

$$x = 3 \text{ e } y = 2$$

24 – EXERCÍCIOS

Seção 3:

1. Somando 9 anos à idade de uma pessoa ela fica com 30 anos. Qual é a idade?
R.21 anos.

2. Lísia tem 32 anos e Helen tem 21. De quantos anos a idade de Lísia excede a de Helen?
R. 11 anos.

3. O excesso de um número sobre 16 é 9. Qual é esse número?
R. 25.

4. Quantas vezes devemos repetir 13 para obtermos 156?
R. 12 vezes.

5. Multiplicando-se 9 pelo triplo de certo número obtemos 135. Qual é o número?
R. 5.

6. Qual é o número que somado com o seu dobro e o seu triplo é igual a 126?
R. 21.

7. O dobro da idade de Lísia mais 21 é igual a 85. Quantos anos tem Lísia?
R. 32.

8. Qual é o número que somado com o seu triplo e multiplicado por 6 é igual a 168?
R. 7.

9. A soma das idades de três irmãos é 66. Se a idade de cada irmão excede a do precedente em 6 anos, que idade tem cada um?
R. 16, 22, 28 anos.

10. Divida 120 de uma peça de tecido em três partes, de modo que a segunda tenha o triplo da primeira e a terceira o dobro da segunda.
R. 12, 36 e 72

11. 25 metros de uma peça de tecido custam R$ 375,00. Quanto custam 5 metros do tecido?
R. R$ 75,00.

12. Quantas vezes 391 contém 17?
R.23.

13. Distribuindo-se 67 maçãs por 21 pessoas, sobram quantas?

14. Qual é o resto que fica na divisão de 250 por 13?
R. 3.

15. Qual é o número que dividido por 16 tem por quociente 96?
R. 1536.

16. Um peregrino fez uma caminhada de 42 quilômetros em 7 dias. Quantos quilômetros, em média, ele andou por dia?
R. 6 km

17. Um professor tem 980 livros e quer arrumá-los em estantes dimensionadas para acomodar, cada uma, 245 livros. Quantas estantes ele deve mandar confeccionar?
R. 4.

18. Uma herança de R$ 900.000,00 foi distribuída da seguinte forma: a metade para a viúva; um terço da outra metade para um sobrinho, um quinto do que este recebeu para a nora e o restante para um filho. Quanto recebeu o filho?
R. R$ 270.000,00.

19. Em uma fábrica de 840 operários, havia três vezes mais homens do que mulheres. Quantos eram os homens e as mulheres?
R. 630 homens e 210 mulheres.

20. Um tio disse ao sobrinho: eu tenho o dobro da sua idade, e o triplo da diferença entre minha idade e a sua é de 63 anos. Qual é a idade de cada um?
R. 21 e 42 anos.

21. Um trem com a velocidade de 25 km/h parte da cidade A para a cidade B; duas horas depois, outro trem, com velocidade de 30 km/h, parte da cidade A para a cidade B. Em quantas horas o 2º trem alcançará o 1º trem?
R. 10 horas.

22. A soma de um número é 53 e a diferença é 11. Quais são esses números?
R. 21 e 32.

23. Transforme as frações 3/4 e 5/6 em números inteiros.
R. 9 e 10.

24. Ache a raiz da equação: $4x + 3 - x = 2x + 7 - x$.
R. 2.

25. Ache x na equação: $5x/3 + 3 = 3x/2 + 4$.
R. 6.

Seção 4:
01. Determine o m.d.c de 420 e 136.
R. 4.

02. Obtenha o m.m.c. de 850 e 375.
R. 25.

Seção 5:
01. Reduza as frações ao mínimo denominador comum: 2/3 e 5/6.
R. 8/12 e 10/12.

02. 72 dias corresponde a que fração do ano comercial?
R. 1/5.

03. Um quinto dos dois terços dos três quartos de um batalhão corresponde a que fração do batalhão?
R. 1/10.

Seção 6:

01. Ache as frações geradoras da dízima periódica 0,2727 ... e 5,366 ...
R. 3/11 e 483/90.

02. Converta as frações ordinárias 13/25 e 17/33 em frações decimais.
R. 0,75 e 0,5151 ...

Seções 7 e 8:

01. Um cubo tem um volume de 64 cm^3 e deseja-se saber qual é a soma de suas faces.
R. 96 cm^2

02. Um cubo mágico tem 4 quadrados por face; e cada quadrado tem 1 cm^2. Qual é o volume do cubo mágico?
R. 8 cm^3

03. Uma caixa d'água cilíndrica tem 20cm de raio e 3m de altura. Qual é o volume dela?
R. 0,396 9 m^3.

04. Escreva em notação exponencial: 299 792 458 m/s e 0,000 000 000 0529 m.
R. $2{,}99792458 \times 10^8$ m/s; $5{,}29 \times 10^{-11}$ m.

0.5. Efetue: $4 \times 10^5 + 3 \times 10^4$; $0{,}5 \times 10^3 \div 2 \times 10^4$.
R. $3{,}4 \times 10^4$; 2,5.

Seção 9:

01. Uma estrada de 423km tem quantos dam?; reduza 525cm a m.
R. 42.300 dam; 5,25 m.

02. Reduza 263ℓ a daℓ;
R. 26,3 daℓ.

03. Um m^3 corresponde a quantos ℓ?
R. 1.000 ℓ.

04. Um depósito de vinho com 45kℓ pode encher quantas garrafas de 1,5ℓ?
R. 30.000 garrafas.

05. Converta 523mm^3 em mℓ.
R. 0,523 mℓ.

06. Um reservatório medindo 1,4 m x 1,3 m 1,2 m é preenchido com 1.747,2ℓ de água. Qual é a altura que a água alcançou no reservatório?
R. 0,96 m.

Seção 10 e 12:

01. Converta 72 polegadas (pol) em palmos (pal).
R. 4 pal.

02. Converta 7/4 palmos em polegadas.
R. 14 pol.

02. Efetue a soma: (11 a 6 m 18 d) + (3 a 10 m 16 d).
R. 15 a 5 m 4 d.

03. Um operário trabalhou 1 a 3 m 15 d e ganhou o total de R$ 22.785. Quanto recebeu por mês?
R. R$ 1.470,00.

04. Ache a diferença de latitude norte entre Paris, 48º 52', e Portugal, 39º 39'.
R. 8º 13'.

05. Calcule x em cada proporção: 7/9 = x/27 ; 2/x = x/8; 4/3 = x/9.
R. 21, 4 e 12.

06. Determine x nas proporções: 20/34 = 10/5x; 3/x = 16/14.
R. 7.

Seção 13 e 14:

01. Em certo tempo, 6 operários montam 18 armários. Quantos armários 10 operários montarão no mesmo tempo?
R. 30 armários.

02. Um trem percorre 108km em 2h. Quantos quilômetros andará em 5 horas?
R. 270 km.

03. 8 trabalhadores executam uma obra em 9 dias. Em quanto dias 12 trabalhadores executarão a mesma obra?
R. 6 dias

04. Um andarilho levou 18 dias, andando 6 horas por dia, para percorrer 112km. De quantas horas por dia ele precisará para percorrer 168 km em 27 dias?
R. 9 h/d

05. 18 operários executaram um muro em 15 dias. Quantos operários serão necessários para executarem o muro em 6 dias?
R. 45 dias.

06. 4 operários trabalhando 12 horas por dia, executam 20 metros de muro em 5 dias. De quantos dias 2 operários, trabalhando 6 horas por dia, precisarão para executar 16 metros do mesmo muro?
R. 16 dias.

Seção 15 e 16:

01. Divida 245 em 3 partes proporcionais aos números 1, 2 e 4.
R. 35, 70 e 140.

02. Uma herança de R$ 65.000,00 deve ser dividida entre 3 herdeiros, de modo que o segundo receba o triplo do primeiro e o terceiro o dobro do segundo.
R. R$ 6.500; R$ 19.500,00; R$ 39.000.

03. Divida um lucro de R$ 117.000,00 entre três sócios em partes inversamente proporcionais aos números 2, 3 e 4.
R. R$ 54.000; R$ 36.000,00; R$ 27.000,00.

0.4. Quanto é 16% de 300? Quanto é 17/5 de 215?
R. 48; 731.

05. De quanto 32 é 8%.
R. 400.

06. De que quantia 7% é igual a R$ 42,00?
R. R$ 600,00.

07. Apliquei R$ 12.000,00 e tive um rendimento de R$ 72,00. Qual foi a taxa?
R. 6%.

08. Comprei um automóvel e depois o vendi por R$ 23.000,00 ganhando 15%. Por quanto comprei o automóvel?
R. R$ 20.000,00.

Seção 17 e 18:

01. Qual os juros de R$ 1.400,00 em 2 anos a 20%?
R. R$ 560,00.

02. Ache o capital que, aplicado a 24 % a.a. em 11 anos, rendeu 66.000,00.
R. R$ 100.000,00.

03. Com que taxa R$ 2.400,00 rendeu R$ 864,00 em 9 meses?
R. 48 % a.a.

05. Quantos dias R$ 6.000,00 a 36% a.a. rende R$ 378,00?
R. 63 dias.

06. Calcule os juros sobre R$ 4.800,00, a 12 % a.a., durante 50 dias. DF = 3.000.
R. R$ 80,00.

07. Qual os juros composto de R$ 3.000,00, a de 60 % a.a. em 4 anos?
R. R$ 19.660,80.

08. Ache o capital que, aplicado a 48 % a.a., durante 3 anos, rendeu os juros compostos de R$ 6.483,58.
R. R$ 2.000,00.

09. Um computador financiado a juros de 36 % a.a. custou, no final, R$ 4.128,00, e pagou-se juros de R$ 1.728,00. Qual foi o valor do computador? Quanto tempo se levou para pagá-lo?
R. R$ 2.400,00; 2 anos.

10. Que taxa foi aplicada ao capital de R$ 1.000,00, que gerou o montante de R$ 3.048,625?
R. 45 % a.a.

Seção 19:

01. Qual o valor nominal de uma letra que, antecipada em 2 anos, ganha o desconto comercial de R$ 960,00, à taxa de 40 % a.a.?
R. R$ 1.200,00.

02. Um título de R$ 6.000,00 pago 1 ano antes do vencimento recebeu o desconto por fora de R$ 2.160,00. Qual foi a taxa de desconto?
R. 36 % a.a.

03. Uma letra de R$ 2.000,00, à taxa de 24 % a.a., foi resgatada com um desconto comercial de R$ 320,00. Qual foi o tempo de antecipação do vencimento?
R. 8 meses.

04. Calcule o valor atual de uma letra de R$ 650,00, resgatada 6 meses antes do vencimento, com um desconto de 48 % a.a.
R. R$ 494,00

05. Qual é o desconto por dentro de uma letra de R$ 3.440,00, resgatada 2 anos antes do vencimento, à taxa de 36 % a.a.?
R. R$ 1.440,00.

06. Calcule o valor nominal de uma letra cujo desconto por dentro é de R$ 16,00, em 2 anos, à taxa de 8 % a.a.
R. R$ 116,00.

07. Determine a taxa aplicada à letra de R$ 580,00, que, antecipada de 2 anos, teve o desconto por dentro de R$ 80,00.
R. 8%.

08. Em quanto tempo uma letra de R$ 6.200,00 obtém o desconto real de R$1.200,00, sendo 8% a.a.?
R. 3 anos.

09. Uma MP de R$ 2.000,00 com vencimento em 5 meses foi descontada 3 meses antes do vencimento, à taxa de 72 % a.a. Qual o valor atual da NP? Qual foi a taxa efetiva nela aplicada ao mês?
R. R$ 1.400,00; 4,545 % a.m.

Seção 20:

01. Quanto vale R$ 1.720,00 em dinheiro inglês? Use: 1 £/R$ = 3,8623.
R. £ 445,33.

02. Converta € 360 em dinheiro brasileiro, à taxa de câmbio 1€/R$ = 3,3350.
R. R$ 1.200,60.

03. Um turista gastou em Paris € 600. Quanto gastou em reais, se 1€ = R$ 3,3350?
R. R$ 2.001,00.

04. Para pagar uma compra, uma pessoa enviou R$ 1.789,17 para Londres, através de Paris. Qual foi o valor da compra, se 1€ = R$ 3,335 e £/€ = 0,8662?
R. £ 464,70.

Seção 21:

01. Ache o !º e o 6º termo da PA: (... , 7, 11, ..., 27).
R. 3 e 23.

02. Determine a razão da PA em que $a_1 = 29$ e $a_{10} = 2$.
R. – 3.

03. Na PA (5, ..., 17, 23, ..., 53), ache o número de termos.
R. 9.

04. Na PA (2, 7/3, 8/3, ...), calcule a soma dos 10 primeiros termos.
R. 35.

05. Insira 3 meios entre os números 10 e 18.
R. (10, 12, 14, 16, 18).

06. Sendo $a_1 + a_6 = 30$ e $a_3 + a_5 = 32$, determine cada termo da PA.
R, $a_1 = 10$, $a_3 = 14$, $a_5 = 18$ e $a_6 = 30$

07. Sendo $a_2 + a_4 = 22$ e $a_4 - a_2 = 8$, ache cada termo da PA.
R, $a_2 = 7$ e $a_4 = 15$.

08. Na PG (3, 6, 12, ...), determine o 7º termo.

R. 192.

09. Ache o 1º termo da PG de 6 termos, cujo último termo é 972 e a razão é 3.
R. 4.

10. Na PG, o 1º termo é 5, o último é 320 e a razão é 2. Obtenha o número de termos.
R. 7.

11. Calcule a soma dos 6 primeiros termos da PG: (2, 6, 18, ...).
R. 728.

12. Determine o limite das somas da PG (1, 1/2, 1/4, ...).
R. 2.

13. Calcule o produto dos 6 termos da PG (0,5, 1, ... , 16).
R. 512.

14. Insira 4 termos entre 3 e 96.
R. PG: (3, 6, 12, 24, 48, 96).

15. Em uma PG, a soma dos três termos é 14 e o produto deles é 64. Determine esses termos.
R. PG: (2, 4, 8).

16. Em uma PG, a diferença entre o 4º termo e o 2º termo é 48, e o 3º termo é 18. Ache esses termos.
R. PG: (2, 6, 18, 54).

Seção 22:

01. Ache x nas equações exponenciais: $3^x = 81$; $25^x = 125$; $(0,4)^x = 0,064$.
R. 4; 3/2; 3.

02. Calcule x na equação exponencial composta: $64^{2x-1} = 4$.
R. 2/3.

03. Determine x na equação exponencial composta: $5^{3x} + 5^{3x+1} - 5^{3x-1} = 31$.
R. 1/3.

04. Obtenha x na equação exponencial composta: $3^{2x-1} - 2 \cdot 3^x = 9$.
R. 2.

05. Ache x na equação exponencial de 2ª ordem: $3^{2^x} = 81$.
R. 2.

Seção 23

01. Ache x em cada logaritmo proposto: $\log_2 16 = x$; $\log_5 x = 3$; $\log_x 10 = 3$.
R. 4; 125; 2.

02. Determine x nos logaritmos: $\log_{\sqrt{2}} x = 4$; $\log_{0,2} x = 32$.
R. 4; 5.

03. Calcule $\log_8 64$, sendo $\log 2 = 0,3010$.
R. 2.

04. Ache o $\log_2 100$, se $\log 2 = 0,3010$
R. 6,644 518 272.

05. Sendo $\log N = 3,297\ 760\ 511$, ache N.
R. 1985.

06. Resolva as equações logarítmicas: $\log (x + 2)^2 = 2$; e $\ln e^{x+1} = 3$.
R. 8; 2.

07. Resolva as equações logarítmicas: $\log_2 x = 1 + 2/\log_2 x$ e $8 \cdot x^{\log_2 x} = x^4$.
R. 4, 1/2; 8, 2.

08. Resolva a equação logarítmica: $\log x + \log (x+1) = \log 20$.
R. 4.

09. O capital de R$ 500,00, aplicado a 36 % a.a. acumulou R$ 3.163,76 no final do período. Qual o tempo que o capital ficou aplicado? Use logaritmos.
R. 6.

10. Em uma PG, o 1º termo é 4, o último termo é 972 e a razão é 3. Calcule o número de termos. Use logaritmos.
R. 6.

APÊNDICE

1 – NÚMEROS RELATIVOS OU ALGÉBRICOS

Número relativo é o que resulta da comparação de uma grandeza que varia em dois sentidos opostos, com a unidade da mesma espécie.

O conjunto dos números relativos está incluído no conjunto dos números reais, que são representados geometricamente por uma reta orientada, chamada de eixo orientado, que tem dois sentidos, tendo zero como origem fixa, a partir do qual se traçam segmentos unitários, como indicados abaixo:

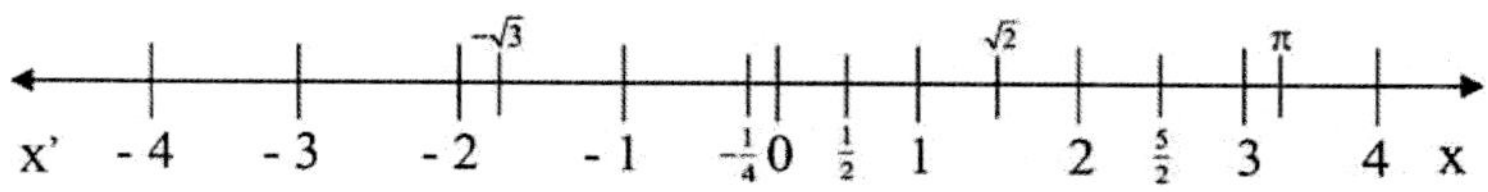

0X é o semieixo positivo, e 0X' é o semieixo negativo. Cada número real corresponde a um ponto único tomado no eixo – correspondência unívoca – assim como cada ponto do eixo corresponde a um único número real – correspondência recíproca.

O número relativo tem valor relativo dado pelo sinal a ele afeto e valor absoluto ou módulo, que é o valor que ele tem sem o sinal + ou –.

Indica-se o módulo do número relativo por: $|+5| = 5$, $|+2/3| = 2/3$, $|+\sqrt{5}| = \sqrt{5}$, etc.

1.2. Operações com Números Relativos

Com os números relativos são praticadas as mesmas operações elementares da aritmética, com a ressalva de que se leva em conta os sinais afetos a cada um deles, e para isso eles são anotados entre parênteses.

[1] Adição:

Somam-se as parcelas:

$$(+3) + (+5) = (+8)\ ; \quad (+2) + (-5) = (-3)$$

[2] Subtração:

Soma-se ao minuendo o subtraendo com sinal trocado:

Exemplo: (+4) – (–5) = (+4) + (+5) = (+9)

[3] Multiplicação
Na multiplicação, aplica-se a regra dos sinais:

(+) x (+) = (+) e (–) x (–) = (+)

(+) x (–) = (–) e (–) x (+) = (–)

Exemplos: (+3) x (+4) = (+12) e (–5) x (–4) = (+20)

(+4) x (–3) = (–12) e (–4) x (+8) = (–32)

[4] Divisão
Na divisão, vale a mesma regra de sinais acima: sinais iguais resultado mais (+); e sinais desiguais, resultado menos (–).

Exemplos: (+12) ÷ (+4) = (+3); (–15) ÷ (–5) = (+3)

(+14) ÷ (–2) = (–7) e (–24) ÷ (+6) = (–4)

Como não se pode dividir por zero, indica-se essa divisão, com a notação simbólica: m/0 = ∞; e dividir zero por um número, tem-se, 0/m = 0.

[5] Potenciação
Observe as seguintes regras: potência de expoente par, resultado (+); potência de expoente ímpar, resultado (–); e potência de expoente nulo, resultado + 1.

Exemplos:

$(+3)^2 = +9$; $(-2)^3 = -8$; $(-5)^2 = +25$; e $(-127)^0 = +1$

As propriedades gerais estão dadas no item 2.

[6] Radiciação
Observe as seguintes regras:
(i) raiz de índice par de um número positivo tem dois valores simétricos, ±;
(ii) raiz de índice ímpar de um número positivo ou negativo tem o valor do sinal do radicando;
(iii) raiz de índice par um número negativo não tem existência real.

Representa-se a unidade imaginária por $i = \sqrt{-1}$, tal que $i^2 = -1$.

Exemplo: $\sqrt{+16} = \pm 4; \sqrt[3]{-8} = -2; \sqrt{-4} = \sqrt{4(-1)} = \pm 2i$

2 – POTENCIAÇÃO (COMPLEMENTO)

A potenciação estudada no item 7 será aqui complementada, generalizando-a para atender ao domínio algébrico.

Dado um número real, diferente de 1 ou 0, tomado como base, e n o número de vezes que ele é repetido. Então, a potência enésima de a (a^n) é o produto de n fatores iguais a a, por definição:

$$a^n = a \cdot a \cdot a \cdot \ldots \cdot a \qquad (1)$$

A segunda potência de a, a^2, é chamada de quadrado; e a 3° potência de a, a^3, recebe o nome de cubo.

A definição de potência não se cumpre para o grau 1 ou 0. Mas, como tais casos aparecem no cálculo, convencionou-se que:

$$a^1 = a \quad (1) \qquad e \qquad a^0 = 1 \quad (2)$$

O conceito de potência tornou-se útil para representar números grandes, sob a forma de potência, cuja notação passou a ser chamada de notação científica, com o já aludimos.

2.1. Propriedades das Potências

Dadas as potências de mesma base, a^m e a^n, podemos efetuar com elas as seguintes operações:

1ª) Produto: somam-se os expoentes:

$$a^m \cdot a^n = a^{m+n} \qquad (1.1)$$

Por definição, temos:

$$\underbrace{(a \cdot a \cdot a \cdot \ ... \ \cdot a)}_{m \text{ fatores}} \underbrace{(a \cdot a \cdot a \cdot \ ... \ \cdot a)}_{n \text{ fatores}} = a^{m+n}$$

2ª) Divisão: subtraem-se os expoentes:

$$\frac{a^m}{a^n} = a^{m-n} \qquad (1.2)$$

Para realçar esta propriedade, vamos dar valores particulares aos expoentes: Para m = 5 e n = 3, temos:

$$\frac{a \cdot a \cdot a \cdot a \cdot a}{a \cdot a \cdot a} = a^{5-3} = a^2$$

Para m = n = 4, virá,

$$\frac{a \cdot a \cdot a \cdot a}{a \cdot a \cdot a \cdot a} = a^{4-4} = a^0 = 1$$

o valor 1 decorre de se ter o numerador igual ao denominador, o que justifica o expoente zero, já convencionado em (2), acima.

Se m = 2 e n = 5, virá,

$$\frac{a \cdot a}{a \cdot a \cdot a \cdot a \cdot a} = \frac{1}{a^3}$$

que decorre do cancelamento dos fatores comuns. Por outro lado, também, temos:

$$\frac{a \cdot a}{a \cdot a \cdot a \cdot a \cdot a} = a^{2-5} = a^{-3}$$

com expoente negativo. Como os resultados são iguais, fica estabelecido que,

$$a^{-3} = \frac{1}{a^3}$$

E, em geral:

$$a^{-m} = \frac{1}{a^m} \qquad (1.3)$$

3º) Potenciação: multiplicam-se os expoentes.

Elevando a^m à potência n, significa:

$$(a^m)^n = \overbrace{(a^m)\,(a^m)\,.\,.\,.\,(a^m)}^{\text{n vezes}} = a^{m \cdot n}$$

O produto a·b elevado à potência n é dado por:

$$(a \cdot b)^n = a^n \cdot b^n \qquad (1.4)$$

4ª) Raiz e Expoente fracionário:

A potência $a^{m/n}$ deixa de ter significado na definição de potência. Contudo, elevando à potência n a potência dada, temos:

$$(a^{m/n})^n = a^m \qquad (1.5)$$

Por outro lado, tomando-se a raiz n de a^m ou $\sqrt{a^m}$, e elevando-a à potência n, virá,

$$\left(\sqrt[n]{a^m}\right)^n = a^m \qquad (1.6)$$

Da igualdade dos resultados, podemos concluir que:

$$\left(\sqrt[n]{a^m}\right)^n = \left(\sqrt[n]{a^{m/n}}\right)^n$$

Como as potências são do mesmo grau, os termos entre parênteses são idênticos, isto é,

$$\sqrt[n]{a^m} = a^{m/n} \qquad (1.7)$$

Para um expoente negativo, -m/n , por (1.3), vale concluir que,

$$a^{-m/n} = \frac{1}{a^{m/n}} = \frac{1}{\sqrt[n]{a^m}} \qquad (1.8)$$

5º) Potenciação com Radicais

Dados a e b dois números reais positivos, e m e n, inteiros, como expoentes. Com eles, estabeleçamos as operações que se seguem:

1) $\sqrt[m]{a} \times \sqrt[n]{a} = \sqrt[m+n]{a \times a}$

2) $\dfrac{\sqrt[n]{a}}{\sqrt[n]{b}} = \sqrt[n]{\dfrac{a}{b}}$

3) $\left(\sqrt[n]{a}\right)^m = \sqrt[n]{a^m}$

4) $\sqrt[n]{\sqrt[m]{a}} = \sqrt[n.m]{a}$

5) $(\sqrt[n]{a^m})^p = \sqrt[n]{a^{m \cdot p}}$

6ª) Potências de mesmo expoente e bases distintas

Dadas as potências de mesmo expoente, como a^m e b^m, elas podem ser comparadas sob os critérios que se seguem:

Com m > 0, maior base maior potência; se m < 0, menor base maior potência.

Exemplo: 3^3 e 2^3 → $3^3 > 2^3$; 3^{-3} e 2^{-3} → $3^{-3} < 2^{-3}$;

7ª) Potências de mesma base e expoentes distintos

Sejam a^m e a^p, elas podem ser comparadas sob os critérios:

Com m, p > 1, maior expoente, maior potência:

Exemplo: 3^3 e 3^2, então, $3^3 > 3^2$

Com m, p < 1, menor expoente negativo, maior potência:

Exemplo: 3^{-3} e $3^{-2} \rightarrow 3^{-3} < 3^{-2}$

3 – EQUAÇÃO DO 2º GRAU

A equação do 2º grau tem forma geral, completa:

$$ax^2 + bx + c = 0 \qquad (1)$$

em que x é a incógnita e a, b e c, são os seus coeficientes. ax^2, bx e c, são termos da equação, e a deve ser tomado como positivo.

A resolução de (1) oferece duas raízes, x_1 e x_2, calculadas pela fórmula geral:

$$x = \frac{-b \pm \sqrt{b^2 - 4ac}}{2a} \qquad (2)$$

Pondo $\Delta = b^2 - 4ac$, chamado de discriminante da equação, temos as seguintes previsões:

(i) $\Delta > 0$, a equação tem duas raízes reais e desiguais, x_1 e x_2;

(ii) $\Delta = 0$, a equação tem duas raízes reais e iguais: $x_1 = x_2 = -b/2a$;

(iii) $\Delta < 0$, a equação tem duas raízes imaginárias conjugadas, assim expressas: $x_1 = \alpha + i\beta$ e $x_2 - i\beta$, em que $i = \sqrt{-1}$ é a unidade imaginária.

A equação (1) tem as seguintes propriedades:

(i) A soma das raízes,

$$x_1 + x_2 = -\frac{b}{a} \qquad (3)$$

(ii) O produto das raízes,

$$x_1 \cdot x_2 = \frac{c}{a} \qquad (4)$$

4 – BINÔMIO DE NEWTON

O binômio x + a, elevado à potência de expoente inteiro positivo, n, $(x + a)^n$, é desenvolvido conforme a regra de Newton:

$$(x + a)^n = x^n + \frac{n}{1!} ax^{n-1} + \frac{n(n-1)}{2!} a^2 x^{n-2} + \frac{n(n-1)(n-2)}{3!} a^3 x^{n-3} + \ldots + a^n$$

O desenvolvimento tem (n+1) termos, podendo-se observar que:

(i) o expoente de x decresce sucessivamente de uma unidade, enquanto o expoente de a cresce de uma umidade; e, em qualquer termo, a soma dos expoentes é igual ao número n, grau da potência.

(ii) os coeficientes dos extremos é igual a 1; o coeficiente de qualquer termo, a partir do segundo, é igual à combinação dos n elementos precedentes, conforme o cálculo de combinação, C_n^p.

O símbolo n! é chamado fatorial de n e indica o produto dos n primeiros números inteiros sucessivos, de modo que,

$$1! = 1,\ 2! = 1 \times 2,\ 3! = 1 \times 2 \times 3\ , \ldots,\ n! = 1 \cdot 2 \cdot 3 \cdot \ldots \cdot (n-1) \cdot n$$

Por exemplo, aplicado o binômio de Newton à fórmula dos juros compostos, em que x = 1 e a = i, temos:

$$(1 + i)^n = 1^n + \frac{n}{1!} i \cdot 1^{m-1} + \frac{n(n-1)}{2!} i^2 \cdot 1^{n-2} + \frac{n(n-1)(n-2)}{3!} i^3 1^{n-3} + \ldots + i^n$$

$$(1 + i)^n = 1 + n\,i + \frac{n(n-1)}{2} i^2 + \frac{(n-1)(m-2)}{6} i^3 + \ldots + i^n$$

5 – NOTAÇÕES DA MATEMÁTICA

5.1. Representações de Quantidades

a , b , c , etc. representam quantidades conhecidas

x , y , z , etc. representam quantidades desconhecidas, incógnitas

5.2. Símbolos ou Sinais de Operações

+ , lê-se "mais" – indica adição

– , lê-se "menos" – indica subtração

x ou · , lê-se "vezes" ou "multiplicado por" – indica multiplicação

÷ , : , / , lê-se "dividido por" – indica divisão

$\sqrt{\ }$, lê-se raiz quadrada – indica raiz quadrada

$\sqrt[3]{\ }$, lê-se raiz cúbica – indica raiz cúbica

$\sqrt[n]{\ }$, lê-se raiz de índice n – indica raiz enésima.

5.3. Símbolos ou Sinais de Relações

= , lê-se "igual a" – indica a igualdade de duas quantidades ou expressões – a escrita à esquerda do sinal = é o 1º membro, e a escrita à direita do sinal = é o 2º membro.

≠ , lê-se "diferente de" – indica desigualdade das quantidades colocadas à esquerda e à direita do sinal.

> , lê-se "maior que" – indica a desigualdade entre dois números ou duas quantidades: o da esquerda é maior do que o da direita.

< , lê-se "menor que" – indica a desigualdade entre dois números ou quantidades: o número colocado à esquerda é menor do que o colocado à direita.

→ lê-se "implica em" – indica consequência, se, então.

↔ lê-se "se e somente se" – indica implicação direta e recíproca; também equivalência.

5.4. Símbolos ou Sinais de Agregação

( ) , parênteses – indica operações a serem efetuadas

[ ] , colchetes – indica operações a serem realizadas, após as dos parênteses.

{ } , chaves – indica operações a serem realizadas, após as dos colchetes.

5.5. Origens dos sinais de Operações e de relações

Os sinais "+" e "–", indicadores da adição e subtração, foram introduzidos nas operações da aritmética em 1557, pelo matemático inglês Robert Record (1510-1558).

Diofanto (210-290), matemático grego, criador da álgebra e das equações algébricas, usava a palavra plus entre as parcelas para indicar soma (+). Seus sucessores passaram a usar apenas o p, por exemplo, 2 p 3; a partir Robert Record, passou-se a escrever como 2 + 3.

O sinal "x", indicador da multiplicação, foi introduzido pelo matemático inglês William Oughtred (1574-1660), em 1631, na sua obra Clovis Matematicae. O matemático inglês Thomas Harriot (1560-1703) passou a usar o x entre os fatores.

Gotffried Wilhelm Laibniz (1646-1716), filósofo e matemático alemão, decidiu usar o ponto (·) entre os fatores, porque considerava o "x" da multiplicação passível de ser confundido com o "x" que ele usava nos seus cálculos, como incógnita.

O sinal ":" , indicador da divisão, é devido também a Oughtred, usado em uma obra sua de 1657. Como os algebristas passaram a usar "/" para indicar divisão, como a/b, Oughtred, em 1631, mudou o seu sinal de divisão de ":" para "÷" , que é a combinação de : e /.

O sinal de raiz quadrada $\sqrt{\ }$ foi proposto por Christoff Rusolff (1499-1545), matemático alemão, na sua obra Die Coss de 1525. Só em 1655, com o matemático inglês John Wallis (1616-1703), é que o símbolo de radical foi estendido às demais raízes, com o índice 3, 4, ..., colocado no ângulo do sinal. Wallis também é o introdutor do sinal "∞", indicador de infinito.

O sinal "=", igual a, é devido também a Robert Record, usado na sua obra de 1540; antes, usava-se a palavra equalis, depois reduzida para "ea", como na expressão 2+5 ea 7.

Os sinais ">" e "<" , indicadores de relações, são devidos a Harriot.

A adoção de grau ou expoente de uma potência, tal como a^n, é devido a René Descartes (1596-1634), filósofo, físico e matemático francês. Como matemático, foi o criador da geometria analítica, que combinou a geometria com a álgebra, na qual adotara as primeiras letras do alfabeto latino, a, b, c, para representar as quantidades constantes e as últimas letras, x, y, z, para as quantidades variáveis, desconhecidas ou incógnitas. Indicava o produto das quantidades algébricas juntando apenas números e letras, sem o sinal de multiplicação "x" ou "·" entre eles, a exemplo de 2x, 3y, ax, by, abc, xy, etc.

5.6. Um Olhar na História da Aritmética

A Aritmética - o ramo mais antigo da Matemática – teve início quando o homem começou a contar as coisas que lhe pertenciam. O encontrar-se num ambiente diversificado, levou o ser humano à necessidade de estabelecer os primeiros padrões que lhe possibilitasse medir as coisas que o cercavam: unidades e quantidades, tamanhos, formas, pesos, distâncias, espaços e tempo.

Quando o ambiente de vida se tornou mundo cultural, os conhecimentos adquiridos empiricamente começaram a ser sistematizados pela escrita, que é o instrumento indispensável de registrar e legar conhecimentos à posteridade, ao futuro.

A escrita dos números que hoje se utiliza universalmente é uma contribuição da velha cultura indiana, que remonta ao século IV aC, da qual legou-se à posteridade, os algarismos: 1, 2, 3, 4, 5, 6, 7, 8, 9 e 0, sendo o zero, o símbolo que indica a casa vazia, o que lhe confere grande importância na escrita dos números.

Por conta do império mulçumano do século VII, os algarismos indianos foram difundidos na Europa, por volta de 670, e por isso ficaram conhecidos como algarismo hindu-arábicos.

O nome algarismo, dado aos símbolos indianos, é devido ao matemático persa de cognome Al-Khwarizmi (780?–850?), que os utilizou em suas lições de aritmética. A ele também é atribuído o termo álgebra, nome que deu ao legado deixado pelo matemático grego, Diofanto (210?–290?): as equações algébricas. Diofanto foi o 1º matemático a considerar as frações como números (fracionários).

Manuscrito de Bakhshali

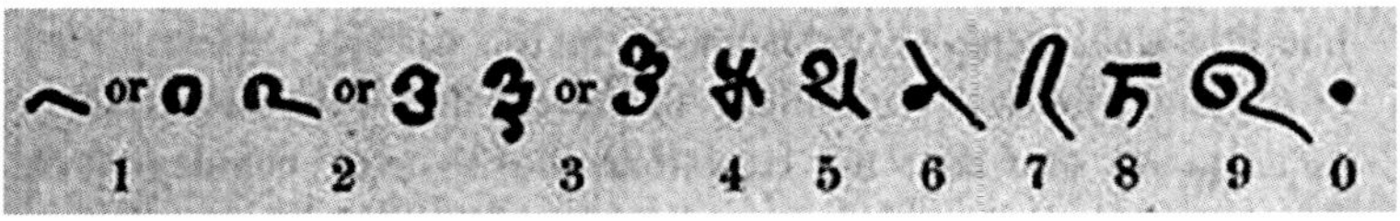

Esta gravura é uma reprodução dos símbolos primitivos dos algarismos decimais indianos, gravados numa casca de bétula, encontrada em 1881, na aldeia de Bakhshali, daí manuscrito de Bakhshali, com data estimada entre os séculos I aC a I dC.

6 – GRAFIA E LEITURA DOS NUMERAIS ORDINAIS

O numeral ordinal designa a ordem ou posição do número que ele representa. À grafia de um numeral ordinal usa-se o símbolo “ º ” , sobrescrito com tracinho à direita do algarismo para designar o ordinal masculino e “ ª ”, para o feminino.

Exemplo: 1º, lê-se primeiro e 1ª, lê-se primeira; quando não se dispõe do sobrescrito com o tracinho, usa-se “ º ” ou “ ª ”, com o algarismo seguido de ponto. No exemplo dado, temos: 1.º e 1.ª . A necessidade do ponto é para não confundir “ º ” usado na notação do grau.

6.1. Tabela Dos Ordinais

1º, lê-se primeiro
2º , " segundo
3º " terceiro
....
10º , " décimo
11º , " décimo primeiro
12º , " décimo segundo,
....
20º , " vigésimo
21º , " vigésimo primeiro
22º , " vigésimo segundo
....
30º , " trigésimo. Ex.: 39º trigésimo nono capítulo; 39ª trigésima nona
40º , " quadragésimo
50º , " quinquagésimo
60º , " sexagésimo
70º , " septuagésimo
80º , " octuagésimo
90º , nonagésimo
100º, " centésimo
200º, " ducentésimo Ex.: 287ª, ducentésima octagésima sétima dimensão
300º, " tricentésimo ou trecentésimo
400º, " quadrigentésimo
500º, " quingentésimo
600º, " sexcentésimo
700º, " septingentésimo ou setingentésimo
800º, " octingentésimo ou octogentésimo
900º " nongentésimo ou nonigentésimo

1.000º," milésimo (daqui em diante o ordinal tem a leitura dos decimais: Ex.: 2.018º, dois milésimo,décimo oitavo ano; ou também, no caso: segundo milésimo, décimo oitavo ano.

....

10.000º, " décimo milésimo

100.000º, " centésimo milésimo

1.000.000º " milionésimo Ex: 2.987.924, dois milionésimo, nongentésimo octagentésimo sétimo milésimo, nogentésimo vigésimo quarto.

10.000.000º, " décimo milionésimo

100.000.000º," centésimo milionésimo

1.000.000.000, " bilionésimo

1.000.000.000.000, " trilionésimo

E assim por diante.

7 – CURIOSIDADES ARITMÉTICAS

7.1. Some 9 com um dígito (de 1 a 9): a soma dos valores absolutos dos algarismos do resultado, dá o dígito somado:

$9 + 1 = 10 \rightarrow 1 + 0 = 1$; $9 + 2 = 11 \rightarrow 1 + 1 = 2$;

$9 + 3 = 12 \rightarrow 1 + 2 = 3$; $9 + 4 = 13 \rightarrow 1 + 3 = 4$; assim por diante.

7.2. O número 3.367 multiplicado sucessivamente 33x1, 33x2, 33x3, 33x4, 33x5, 33x6, 33x7, 33x8, 33x9, dá como resultado o fator que multiplica 33, repetido 6 vezes:

3367 x (33x1) = 111 111; 3367x (33x2) = 222 222; 3367 x (33x3) = 333 333;

3367 x (33x4) = 444 444; 3367 x (33x5) = 555 555, (3367 x (33x8) = 888 888;
3367 x (33x9) = 999 999.

7.3. Os 360 graus da circunferência divididos sucessivamente por 2, a soma dos valores absolutos dos algarismos do quociente dá sempre 9; equivale dizer que a soma dos valores absolutos da medida de cada bissetriz é 9.

$$360 \div 2 = 180 \rightarrow 1 + 8 + 0 = 9\ ;\ \ 180 \div 2 = 90 \rightarrow\ 9 + 0 = 9$$

$$90 \div 2 = 45 \rightarrow\ 4 + 5\ = 9\ ;\ \ 45 \div 2 = 22{,}5 = 2 + 2 + 5 \rightarrow\ 9$$

E assim por diante.

7.4. Dois legados de Pitágoras:

(i) Números pitagóricos:

$$3, 4, 5 \rightarrow\ 3^2 + 4^2 = 5^2\ ;\ \ 5, 12, 13 \rightarrow 5^2 + 12^2 = 13^2$$

Generalizando: sendo a e b as medidas dos catetos e c a medida da hipotenusa de um triângulo retângulo, então: $a^2 + b^2 = c^2$

(ii) Números triangulares: 3, 6, 10, 15, ...

```
                                      o
                         o           o o
              o         o o         o o o
      o      o o       o o o       o o o o
    o   o o  o o o    o o o o     o o o o o
```

7.5. Números de Plutarco: o número triangular multiplicado por 8 somado com a unidade dá um quadrado perfeito:

$$1 \times 8 + 1 = 9\ ;\ 3 \times 8 + 1 = 25;\ 10 \times 8 + 1 = 81;\ 15 \times 8 + 1 = 121;\ \text{etc.}$$

7.6. O quadrado da soma de números naturais é igual à soma dos cubos deles:

$$(1 + 2)^2 = 1^3 + 2^3 = 9$$

$$(1 + 2 + 3)^2\ = 1^3 + 2^3 + 3^3 = 36$$

$$(1 + 2 + 3 + 4)^2\ = 1^3 + 2^3 + 3^3 + 4^3 = 100$$

$$(1 + 2 + 3 + 4 + 5)^2 = 1^3 + 2^3 + 3^3 + 4^3 + 5^3 = 225$$

$$(1 + 2 + 3 + 4 + 5 + ... + n)^2 = 1^3 + 2^3 + 3^3 + 4^3 + 5^3 + . . . + n^3$$

7.7. Frases com números

"Os números governam o mundo" – Platão

"Deus é o geômetra maior, que geometriza sem cessar" – Platão

"Todas as coisas são números" – Aristóteles

"Há uma geometria sagrada que cria todas as coisas" – Pitágoras

"Os números não mentem, mas os mentirosos usam-nos para sustentar as suas mentiras" – Napoleão

"Quem não sabe contar, não sabe comprar" – Medeiros

"Os números são sublimes criações, mas o sublime não pode ser expresso por números" – Medeiros

"O infinito não se pode alcançar senão por número" – Medeiros

Impressão e acabamento
Gráfica da Editora Ciência Moderna Ltda.
Tel: (21) 2201-6662